T0123474

essentials

*essentials* liefern aktuelles Wissen in konzentrierter Form. Die Essenz dessen, worauf es als „State-of-the-Art" in der gegenwärtigen Fachdiskussion oder in der Praxis ankommt. *essentials* informieren schnell, unkompliziert und verständlich

- als Einführung in ein aktuelles Thema aus Ihrem Fachgebiet
- als Einstieg in ein für Sie noch unbekanntes Themenfeld
- als Einblick, um zum Thema mitreden zu können

Die Bücher in elektronischer und gedruckter Form bringen das Expertenwissen von Springer-Fachautoren kompakt zur Darstellung. Sie sind besonders für die Nutzung als eBook auf Tablet-PCs, eBook-Readern und Smartphones geeignet. *essentials:* Wissensbausteine aus den Wirtschafts-, Sozial- und Geisteswissenschaften, aus Technik und Naturwissenschaften sowie aus Medizin, Psychologie und Gesundheitsberufen. Von renommierten Autoren aller Springer-Verlagsmarken.

Weitere Bände in der Reihe http://www.springer.com/series/13088

Klaus Stierstadt

# Unser Klima und das Energieproblem

## Wie unser Energiebedarf klimaschonend gedeckt werden kann

Klaus Stierstadt
Fakultät für Physik, Universität München
München, Deutschland

ISSN 2197-6708 ISSN 2197-6716 (electronic)
essentials
ISBN 978-3-658-31028-8 ISBN 978-3-658-31029-5 (eBook)
https://doi.org/10.1007/978-3-658-31029-5

Die Deutsche Nationalbibliothek verzeichnet diese Publikation in der Deutschen Nationalbibliografie; detaillierte bibliografische Daten sind im Internet über http://dnb.d-nb.de abrufbar.



Planung/Lektorat: Margit Maly
Springer Spektrum ist ein Imprint der eingetragenen Gesellschaft Springer Fachmedien Wiesbaden GmbH und ist ein Teil von Springer Nature.
Die Anschrift der Gesellschaft ist: Abraham-Lincoln-Str. 46, 65189 Wiesbaden, Germany

## Was Sie in diesem *essential* finden können

- Sie erhalten einen Einblick in die Ursachen und Folgen des Klimawandels sowie einen Überblick über die Nutzungsmöglichkeiten der Sonnenenergie.
- Sie lernen, wie die derzeitige Erderwärmung durch die Produktion von Kohlendioxid zustande kommt. Und Sie gewinnen Einsicht in die Problematik der Elektrizitätserzeugung aus fossilen Brennstoffen.
- Sie lernen die Eigenschaften der Sonne kennen sowie die Geräte zur Umwandlung ihrer Strahlung in Form von Licht und Windkraft in elektrischen Strom.
- Sie erfahren, wie der wachsende Energiebedarf der sich vermehrenden Menschheit durch Nutzung der Sonnenenergie befriedigt werden kann.

# Vorwort

Im vergangenen Jahr fanden zwei wichtige, von der UNO organisierte Konferenzen statt, bei denen es um die Zukunft der Menschheit und um unsere Umwelt ging: Die 6. Weltbevölkerungskonferenz in Nairobi mit 6000 Teilnehmern aus 160 Ländern und die 25. Weltklimakonferenz in Madrid mit 25.000 Teilnehmern aus 200 Ländern. Auf diesen Konferenzen wurden die Probleme Überbevölkerung und Klimawandel zwar ausführlich diskutiert. Aber leider wurden auf keiner von beiden konkrete Beschlüsse gefasst oder verbindliche Maßnahmen beschlossen, welche die uns bedrohenden Entwicklungen in positiver Weise steuern könnten.

In diesem *essential* werden die Ursachen besprochen, die zum Klimawandel geführt haben. Er hängt eng mit dem Energiebedarf der Menschheit zusammen. Zwar liefert uns die Sonne ständig mehr als genug Energie als wir brauchen. Aber wir haben nicht genug von der jeweils benötigten Form der Energie und nicht zu jeder Zeit, an jedem Ort zu einem erträglichen Preis. *Und genau das ist das Problem.* Die Gründe sind zum großen Teil wirtschaftspolitischer Natur.

Wir besprechen im folgenden ersten Kapitel die heutige Lage, im zweiten das Klima und wie es zustande kommt, im dritten das Kohlendioxidproblem, im vierten den Energiebedarf einer ständig wachsenden Menschheit, im fünften die Eigenschaften der Sonnenenergie und im sechsten Kapitel die Funktionen der heute dafür notwendigen technischen Energiewandler. Im siebenten Kapitel werfen wir noch einen Blick auf einige nichtsolare oder utopische Energiequellen.

Die Klimaveränderung ist an erster Stelle ein Energieversorgungsproblem, und dieses ist unter anderem eine Folge des Bevölkerungswachstums. In den Industriestaaten gibt es im Allgemeinen genug Energie. In den Entwicklungs- und Schwellenländern mit starker Bevölkerungszunahme gibt es aber zu wenig.

Klaus Stierstadt

# Inhaltsverzeichnis

# 1 Einführung

Täglich hören und lesen wir in unseren Medien die Worte „Klimaveränderung" und „erneuerbare Energie". Offenbar gibt es da Probleme, und diese hängen irgendwie miteinander zusammen. Die betreffenden Fragen werden von den Fachleuten zwar heftig diskutiert. Fragt man sie aber, wo genau das Problem liegt und wie man es lösen könnte, so erhält man mitunter sehr widersprüchliche Antworten. Der Laie wundert sich und weiß nicht, was er glauben soll. Es gibt nämlich unter den Fachleuten zwei ganz unterschiedliche Meinungen.

Die kleine Gruppe der **Klimaoptimisten** sagen, mit unserem Wetter wäre alles vollkommen in Ordnung. Dass es hier ständig wärmer wird, sei ein ganz natürlicher Vorgang. Wir befänden uns im Wandel von der letzten Eiszeit vor etwa 20.000 Jahren hin zur nächsten Warmzeit in vielleicht 80.000 Jahren. Und dabei kann die Temperatur auf der Erde um insgesamt 10 Grad steigen. Die Ursache dafür ist die sich ändernde Neigung der Erdachse gegenüber ihrer Bahn um die Sonne. Das ist seit Langem bekannt. Die Temperatur steigt aufgrund dieses Vorgangs nur um etwa ein Zehntausendstel Grad pro Jahr. Und der Meeresspiegel steigt entsprechend um einen Zehntel Millimeter. Die belebte Natur ist seit Jahrmillionen an diesen periodischen Wechsel von Kalt- und Warmzeiten gewöhnt und hat sich immer entsprechend verhalten. In der Kaltzeit orientiert sich das Leben, Pflanzen und Tiere, zum Äquator hin, wenn die hohen Breiten der Erde weitgehend vereist sind. Und in der Warmzeit werden diese dann wieder besiedelt. – Soweit die Klimaoptimisten. Leider verschweigen sie, dass der gegenwärtige Anstieg von Temperatur und Meeresspiegel mindestens tausendmal schneller erfolgt als aufgrund der Erdachsenbewegung zu erwarten ist. Diese kann also nicht dafür verantwortlich sein.


K. Stierstadt, *Unser Klima und das Energieproblem*, essentials,
https://doi.org/10.1007/978-3-658-31029-5_1

Ganz anderer Meinung sind da die **Klimarealisten.** Diese Fachleute – und sie sind bei Weitem in der Mehrheit [5, 6] – sind überzeugt, dass die gegenwärtige Erderwärmung von im Mittel etwa 1 Grad in den letzten 150 Jahren menschlichen Ursprungs ist. Sie beruhe hauptsächlich auf der Zunahme des Gases Kohlendioxid ($CO_2$) in der unteren Atmosphäre, einem Anstieg von etwa 0,3 auf 0,4 Promille des Luftvolumens. Und dieses $CO_2$ ist durch die Verbrennung riesiger Mengen fossiler Rohstoffe – Kohle, Erdöl und Erdgas – in den letzten 150 Jahren entstanden. Die Erwärmung führt auch zu einer höheren Verdampfungsrate des Meerwassers und damit zu einer Zunahme des ebenfalls klimaschädlichen Wassergehalts der Atmosphäre. Die Temperaturzunahme durch Verbrennung fossiler Rohstoffe ist etwa tausendmal stärker als diejenige aufgrund der Neigung der Erdachse und diese scheidet damit als Ursache unserer Klimaveränderung mit Sicherheit aus. Auch der Meeresspiegel steigt heute im weltweiten Mittel um etwa einen Zentimeter pro Jahr, weil die Eisvorräte in Gletschern, in Grönland und in der Antarktis schmelzen, und auch weil sich das Meerwasser aufgrund der Erwärmung ausdehnt.

In diesem Heft werden die wahren Ursachen der Klimaveränderung und ihre Hintergründe besprochen: Die Temperaturzunahme ist nichts anderes als eine Folge des dauernd wachsenden Energieverbrauchs der Menschheit. Und ihr Energiebedarf wird zurzeit mit den falschen Mitteln gedeckt, nämlich mit fossilen Brennstoffen anstatt mit Sonnenenergie. Das Anwachsen der Erdbevölkerung um gegenwärtig etwa 83 Mio. pro Jahr verschärft das Problem zusätzlich. Und diese Zunahme bedingt steigendes Wirtschaftswachstum. Hier beißt sich die Katze in den Schwanz: Wirtschaftswachstum bedeutet bei unserer gegenwärtigen Energietechnik steigende Kohlendioxidemissionen in die Atmosphäre und Erderwärmung. Auf keinen Fall aber ist die Klimaveränderung eine Erfindung der Kommunisten, um der amerikanischen Wirtschaft zu schaden, wie der Präsident eines westlichen Staates kürzlich behauptete.

# Das Klima 2

Auf der Erde wird es laufend wärmer. Das spüren wir nicht nur am eigenen Leibe. Die Messungen an den verschiedensten Orten zeigen alle ein ähnliches Bild wie in Abb. 2.1. Die weltweit gemittelte Temperatur hat in den vergangenen 150 Jahren um etwa 1 Grad zugenommen, an einzelnen Orten auch bis zu 3 Grad. Nun mag man der Meinung sein, ein oder zwei Grad wärmer, das wäre nicht viel. Das sind ja nur wenige Prozent der normalen jahreszeitlichen Variationen von etwa ±20 Grad an vielen Orten. Die Erfahrung lehrt uns aber etwas Anderes: In Mitteleuropa haben wir um bis zu 10 Grad heißere Sommerperioden als noch vor etwa 60 Jahren. Und im Winter gibt es bei uns im Flachland kaum noch Schnee. Die Gletscher schmelzen rapide, die Eisbären müssen weit schwimmen und die Skifahrer müssen immer höher hinauf. Der weltweite Mittelwert von einem Grad verschleiert nämlich die Tatsache, dass die Zunahme geografisch und zeitlich sehr verschieden ausfällt. Auf der Nordhalbkugel ist sie stärker als auf der südlichen, und über den Kontinenten ausgeprägter als über den Meeren. Eine globale Temperaturzunahme von „nur" einem Grad wäre zum Beispiel mit dem Temperaturunterschied von ±5 Grad zwischen Eis- und Warmzeiten in der Erdgeschichte zu vergleichen. Die Ursache des derzeitigen Temperaturanstiegs ist überall die Zunahme des Spurengases Kohlendioxid ($CO_2$) in der Troposphäre[1]. Diesen Zusammenhang kennt man schon seit Jahrzehnten. Von 1860 bis 2019 hat der $CO_2$-Gehalt von 0,28 auf 0,41 Promille zugenommen, also um fast 50 % (s. Abb. 2.1). Außer dem Kohlendioxid sind noch einige andere Gase

[1]Die Troposphäre ist der untere Teil der Atmosphäre, in dem sich das Wettergeschehen abspielt. Sie reicht in Mitteleuropa bis in etwa 12 km Höhe.



K. Stierstadt, *Unser Klima und das Energieproblem*, essentials,
https://doi.org/10.1007/978-3-658-31029-5_2

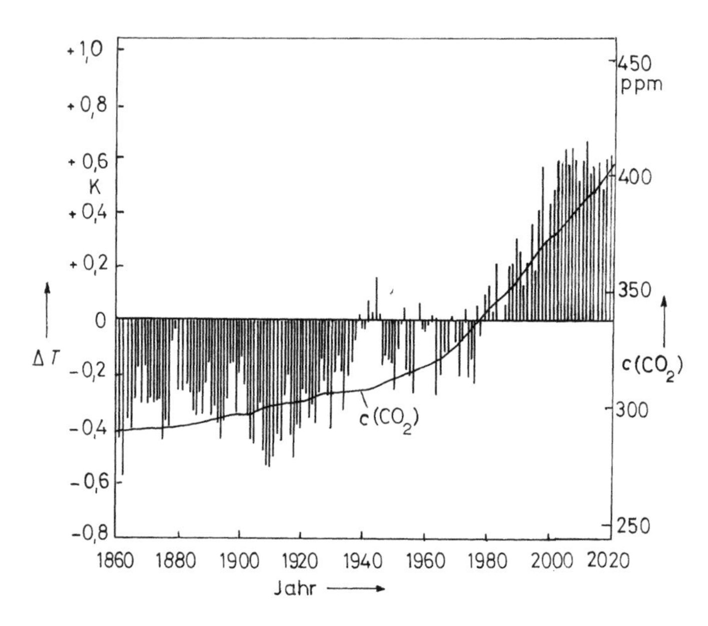


**Abb. 2.1** Veränderungen $\Delta T$ der mittleren globalen Temperatur an der Erdoberfläche (Balken) und des mittleren globalen $CO_2$-Gehalts $c$ der bodennahen Luft (Linie) während der vergangenen 150 Jahre, 1980 auf Null normiert. 400 ppm sind ein Volumenanteil von 400 Millionstel. Der $CO_2$-Gehalt vor 1960 wurde aus Eisbohrkern bestimmt (nach [3])

an der Erderwärmung beteiligt, nämlich Methan mit etwa 16 %, Halogenkohlenwasserstoffe mit 12 %, Lachgas mit 6 % sowie Wasser(dampf) mit etwa 25 %. Mit Satellitenmessungen hat man an verschiedenen Orten die $CO_2$-Konzentration und gleichzeitig die Erwärmung der bodennahen Luft bestimmt [1]. Die Ergebnisse einer Modellrechnung stimmen damit völlig überein [2].

Auch aus der Erdgeschichte ist der Zusammenhang zwischen der Temperatur der Troposphäre und ihrem $CO_2$-Gehalt wohlbekannt [30]. Aus Lufteinschlüssen in antarktischen Eisbohrkernen konnte man beide Größen recht genau bestimmen (Abb. 2.2). Sie verlaufen weitgehend parallel zu einander. Die Temperatur erhält man aus dem Verhältnis von schwerem zu leichtem Wasserstoff im Eis, weil dieses von der Verdunstungstemperatur abhängt. Den $CO_2$-Gehalt kann man im Eis direkt messen. Er stieg während der Warmzeiten wegen der Erwärmung der Ozeane regelmäßig an, lag aber immer unterhalb von 280 ppm [31]. Erst ab 1860 überschritt er diese Marke erheblich (s. Abb. 2.1).

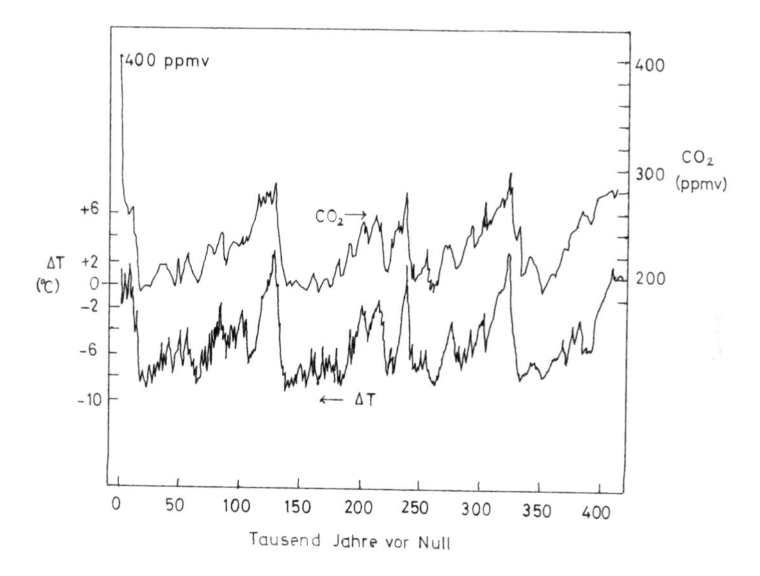


**Abb. 2.2** Verlauf von Temperatur und $CO_2$-Gehalt der bodennahen Luft während der vergangenen vier Warm- und Eiszeiten (nach [30]); Die Einheit ppmv bedeutet millionstel Volumenanteile

Wir wollen zunächst verstehen, wie der Zusammenhang zwischen $CO_2$ und Temperatur zustande kommt. Dazu betrachten wir in Abb. 2.3 den Strahlungshaushalt der Atmosphäre: Die Sonne liefert uns im weltweiten Durchschnitt eine Strahlungsleistung (Licht und Wärme) von 168 Watt pro Quadratmeter auf der Erdoberfläche. Das ist gemittelt über Tag und Nacht, alle Breitengrade, Sommer und Winter, Sonnenschein und Regen usw. Würde diese Strahlung von der Troposphäre und von der Erde vollständig absorbiert, so würde es natürlich bei uns immer wärmer werden. Dem ist aber nicht so, denn die mittlere Temperatur in der bodennahen Atmosphäre beträgt seit Jahrhunderten konstant etwa 14 Grad Celsius. Das heißt, die Energie der einfallenden Strahlung muss im Mittel vollständig wieder emittiert werden, damit die Temperatur stabil bleibt. Das kann man auch in Abb. 2.3 ganz oben ablesen, denn 107 + 235 ist 342. Aber weiter unten, innerhalb der Troposphäre wird es komplizierter. Zwischen der hier durch Wolken repräsentierten Luftmasse und der Erde gehen verschiedene Energieströme hin und her. Die von der Erde ausgehende Oberflächenstrahlung mit einer Wellenlänge von etwa 15 μm im Infraroten wird unter anderem von

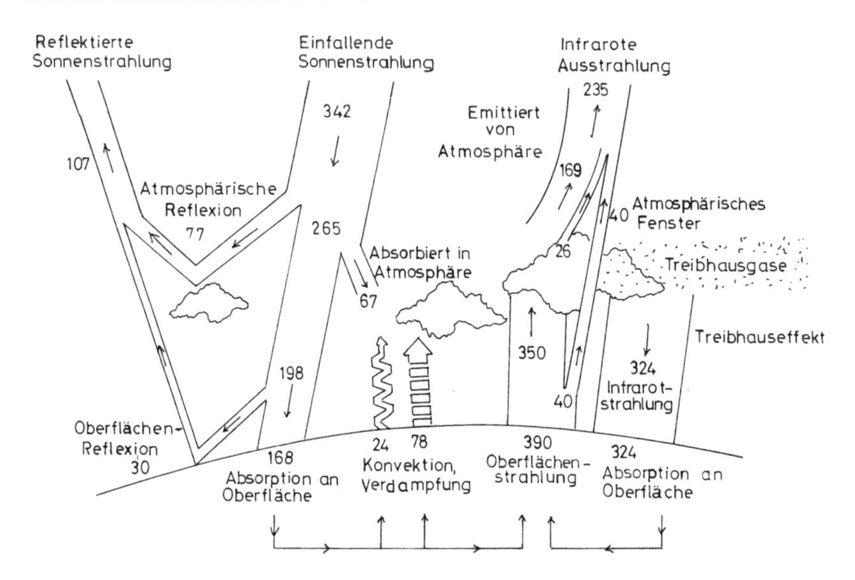


**Abb. 2.3** Strahlungsbilanz der Erdatmosphäre, gemittelt über die ganze Erde, Tag und Nacht, Sommer und Winter. Alle Zahlen in Watt pro Quadratmeter, Erläuterungen im Text (nach [6])

den $CO_2$-Molekülen in der Luft absorbiert und regt diese zu Schwingungen an (Abb. 2.4). Die Strahlung dieser Schwingungen ist aber nun nicht räumlich ausgerichtet wie die Oberflächenstrahlung, sondern sie wird isotrop nach allen Richtungen ausgesandt. Sie ist also je zur Hälfte nach oben und nach unten orientiert. Was nach unten ausgesandt wird, erwärmt die Erde zusätzlich (ganz rechts in Abb. 2.3). Und diese Erwärmung rührt, außer vom Wassergehalt der Atmosphäre, im Wesentlichen vom atmosphärischen Kohlendioxid her und beträgt im Mittel 1 Grad seit 1860. Man nennt diesen Vorgang den **Treibhauseffekt,** weil das $CO_2$ in der Luft ähnlich wirkt wie die Glasfenster eines Treibhauses [25, 36]. Der Verlauf der $CO_2$-Konzentration seit 1860 in Abb. 2.1 legt es nahe, dass die entsprechende Temperaturzunahme menschengemacht ist, und zwar durch die Verbrennung fossiler Rohstoffe in Verlauf der industriellen Entwicklung. In Abb. 2.3 entspräche das einer zusätzlichen Bestrahlungsdichte der Erdoberfläche von etwa 2,5 W pro Quadratmeter [6].

Die beobachtete Erderwärmung hat noch einen anderen bedenklichen Effekt zur Folge: Das Eis schmilzt überall auf der Erde und daher steigt der Meeresspiegel

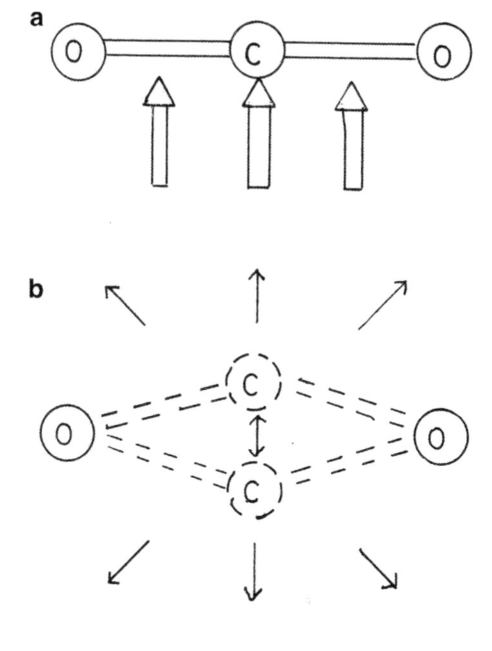


**Abb. 2.4** **a** Struktur eines $CO_2$-Moleküls und **b** Schwingungsbewegung desselben unter dem Einfluss von einfallender Infrarotstrahlung (Doppelpfeile). Die einfachen Pfeile bezeichnen die von der Schwingung emittierte Strahlung

weltweit an. Die Gletscher und Eiskappen der Berge, das Grönlandeis und dasjenige der Arktis und Antarktis enthalten viel Millionen Kubikkilometer Wassereis. Seit Anfang der industriellen Evolution um 1860 ist der Meeresspiegel weltweit um etwa 30 cm gestiegen und seit 1950 hat sich dieser Anstieg noch beschleunigt (Abb. 2.5). Würde man die $CO_2$-Produktion heute sofort stoppen – was natürlich illusorisch ist – so würde das Eis aufgrund des in der Atmosphäre akkumulierten $CO_2$ noch viele hundert Jahre weiter schmelzen und der Meeresspiegel entsprechend weiter steigen, zunächst um 30 bis 60 cm bis zum Jahr 2100. Würde man dagegen weiter alle bekannten Kohle-, Öl- und Gasvorräte verbrennen, so würde die Temperatur weltweit um etwa 6 bis 9 Grad steigen [6], und alles Eis würde im Lauf der Zeit schmelzen. Gletscher und Eiskappen ergäben dann einen Meeresspiegelanstieg von 0,5 m, das Grönlandeis einen solchen von 7 m und das der Antarktis 60 m! Das Letztere würde wahrscheinlich erst in etwa 300 Jahre eintreten. Dann hätten wir auf der Erde wieder Verhältnisse wie vor 35 Millionen Jahren im Eozän oder wie in der letzten Warmzeit vor 125.000 Jahren: „kein Eis aber mehr Meer“. Das Schmelzen des arktischen Meereises allein liefert dabei übrigens keinen Anstieg, denn es schwimmt selbst auf dem Wasser. Das kann jeder leicht zu Hause mit einem Getränk prüfen, in

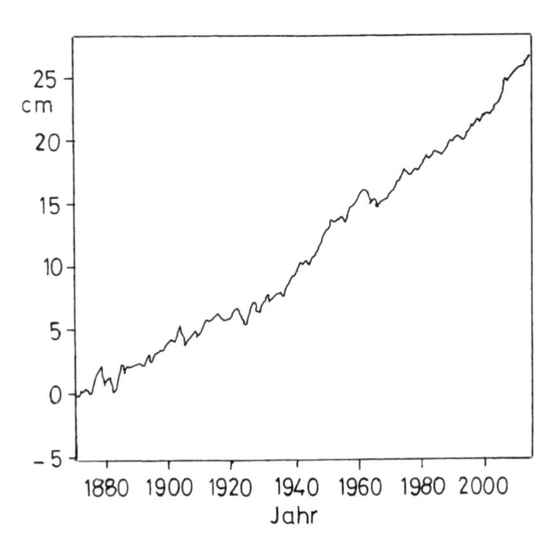


**Abb. 2.5** Globaler Anstieg des Meeresspiegels seit 1870 (nach [7])

dem ein Eiswürfel schwimmt: Wenn er schmilzt, bleibt der Flüssigkeitsspiegel konstant. Das arktische Meereis ist heute schon zu einem Drittel gegenüber 1950 geschmolzen und der Nordpol war im Sommer schon mehrmals eisfrei.

Falls man vernünftig wird, und die Verbrennung fossiler Kohlenstoffprodukte bis etwa 2050 ganz einstellt, dann würde in den nächsten hundert Jahren vielleicht nur ein Teil des grönländischen Eises geschmolzen sein; wieviel genau, lässt sich nicht voraussagen. Dadurch würde der Meeresspiegel um 1 bis 2 m ansteigen und es würden große Teile tiefliegenden Festlands überschwemmt. Aber die dort lebenden Menschen hätten dann genügend Zeit in höher gelegene Gebiete auszuwandern. Besonders gefährdete Gebiete sind dabei die pazifischen Inseln sowie Bangladesch, Ägypten, Pakistan, Indonesien, Thailand, Florida und die Niederlande sowie die friesischen Inseln. In diesen Regionen müssen bis Ende des 21. Jahrhunderts auf jeden Fall viele Gebiete geräumt werden, weil große Eindämmungsmaßnahmen unbezahlbar wären. Bei einem Meeresspiegelanstieg von nur einem Meter, wie er in den nächsten hundert Jahren zu erwarten ist, würden mindestens 150.000 km$^2$ Festland dauerhaft überschwemmt und 180 Millionen Menschen würden obdachlos. Die landwirtschaftliche Nahrungsgrundlage für einen Teil der Erdbevölkerung würde vernichtet. Auch das so gut wie sichere vollständige Schmelzen des arktischen Meereises in den nächsten 50 Jahren hat Folgen: Die Eisbären und andere Polartiere müssten umgesiedelt werden, nach Grönland oder in die Antarktis. Möglicherweise würde sich der

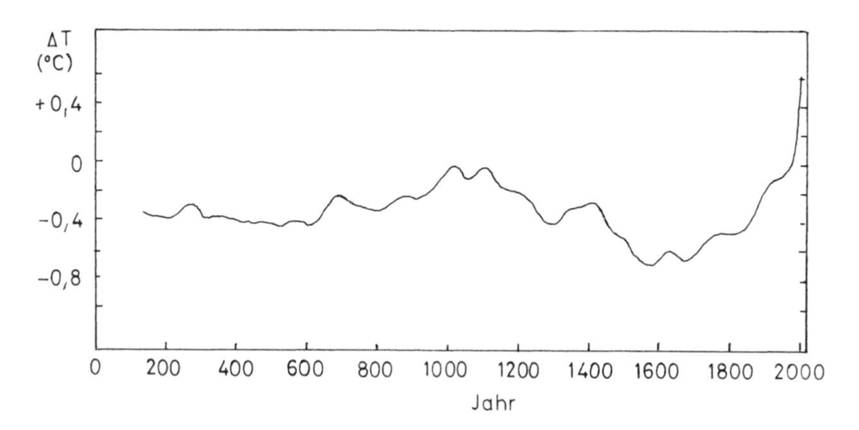


**Abb. 2.6** Temperaturvariationen der bodennahen Luft in den vergangenen 2000 Jahren (nach [27]). Indirekte Messungen vor 1860, danach mit Thermometern; 1950 auf Null normiert

Golfstrom verlagern, und dann hätten wir in Mitteleuropa ein Klima zu erwarten, wie es heute in Nordnorwegen herrscht. Wir können also gespannt sein: Mit Golfstrom wird's bei uns wärmer, ohne ihn wird's kälter.

Manchmal hört man von Klimaoptimisten das folgende Argument: Unsere derzeitige Erwärmung sei nicht menschengemacht, sondern ein natürlicher Vorgang, denn es habe vor tausend Jahren schon einmal eine ähnliche Warmzeit gegeben (Abb. 2.6). Zwischen 950 und 1100 n. Chr. sei die Temperatur in Mitteleuropa zeitweise um bis zu 0,5 Grad höher gewesen als vorher und nachher. Dieses Argument ist aus folgenden Gründen falsch [27]: Erstens betraf der Temperaturanstieg damals nur Teile der Nordhalbkugel; im Süden war es zu dieser Zeit kälter als normal. Zweitens verlief der Anstieg sehr viel langsamer als heute, im Mittel 0,2 Grad in 100 Jahren (heute 1,0 Grad). Drittens kennt man die natürlichen Ursachen der mittelalterlichen Erwärmung recht gut: Die Aktivität der Sonne war im betrachteten Zeitraum besonders hoch, die Bestrahlungsstärke der Erde um 0,4 W pro Quadratmeter höher als normal. Und der Vulkanismus war in derselben Zeit besonders niedrig. Viertens war der $CO_2$-Gehalt der Luft in dieser Zeit höher als normal. Die Erwärmung des Meerwassers infolge der stärkeren Sonnenstrahlung führte nämlich zur Freisetzung von mehr Kohlendioxid und ebenso die Verbrennung von sehr viel Holz aus der damals verstärkten Abholzung der Wälder. Alle diese Erscheinungen lieferten eine zusätzliche Erwärmung. Man fragt sich natürlich, wie man die Temperaturen vor tausend

Jahren so genau bestimmen konnte, obwohl es noch keine Thermometer gab? Dafür kennt man eine Reihe indirekter Methoden: Wachstumsringe an Bäumen, Eisbohrkerne, Pollen, Korallen, Sedimente usw. Alle diese Verfahren lieferten ähnliche Temperaturverläufe wie in Abb. 2.6. Der drastische Anstieg in den letzten 150 Jahren ist damit aber nicht erklärbar.

Das Resümee dieses Kapitels lautet nun: Wollen wir unser Klima langfristig stabilisieren, dann müssen wir so schnell wie möglich mit der Verbrennung fossiler Kohlenstoffverbindungen aufhören. Das muss spätestens innerhalb der nächsten 20 bis 30 Jahre geschehen. Angesichts der schwindenden Vorräte fossiler Rohstoffe (s. Abb. 4.5) könnten wir dann fast vollständig auf Sonnenenergie umsteigen, denn die Sonne liefert uns kostenlos das etwa 10.000-fache unseres gegenwärtigen Bedarfs (s. Kap. 5).

# Das Kohlendioxid $CO_2$ 3

Wie entsteht nun das Kohlen(stoff)dioxid in unserer Luft, das unser Klima so deutlich verändert? Es ist ein farbloses und geruchloses Gas, wie die meisten anderen Bestandteile unserer Luft, und es entsteht bei der Verbrennung des Elements Kohlenstoff (C) mit Sauerstoff ($O_2$) nach der Bruttoreaktion

$$C + O_2 \rightarrow CO_2 + Q. \tag{3.1}$$

Dies ist eine exotherme Reaktion ($Q>0$), und dabei wird die Bindungsenergie $Q \approx 4{,}1$ eV pro Molekül bzw. 394 kJ pro Mol als Wärmeenergie frei [8]. Diese benutzen wir zum Heizen sowie in Wärmekraftmaschinen um Bewegung oder Elektrizität zu erzeugen. Elektrische Energie wird heute vor allem mit Gas- oder Dampfturbinen hergestellt, Bewegungsenergie in unseren Kraftfahrzeugen, Schiffen und Flugzeugen mittels Motoren, Turbinen und Strahltriebwerken. Die kohlenstoffhaltigen Brennstoffe, die wir dabei verwenden, sind heute zu etwa je einem Drittel Kohle, Erdöl und Erdgas. Dabei entsteht etwa 0,9 kg Kohlendioxid pro erzeugte Kilowattstunde [5]. Und weltweit sind das beträchtliche Mengen. Der gesamte Energieverbrauch Deutschlands entspricht heute 2500 Terawattstunden pro Jahr[1] bzw. einer Leistung von etwa 285 Gigawatt. Für die ganze Welt sind es rund 12.000 Gigawatt. Dabei werden in Deutschland jährlich 1 Milliarde Tonnen oder 500 km$^3$ $CO_2$ erzeugt, weltweit 37 Milliarden Tonnen oder 18.000 km$^3$ [34]. Diese gigantischen Mengen entweichen aus den Schornsteinen unserer Häuser und Kraftwerke sowie aus den Auspufföffnungen unserer

[1] 1 GW sind 1 Mio. kW, 1 TW sind 1 Mrd. kW. Ein Gigawatt entspricht zum Beispiel der Leistung eines großen Kraftwerks.



K. Stierstadt, *Unser Klima und das Energieproblem*, essentials,
https://doi.org/10.1007/978-3-658-31029-5_3

Kraftfahrzeuge. Und sie werden, wie schon im vorigen Kapitel erwähnt, zu einer weiteren Erwärmung der Luft und einem weiteren Schmelzen des Eises beitragen. Das in der Luft befindliche $CO_2$ ist dort sehr stabil; es bleibt Jahrhunderte bestehen, wenn es nicht beseitigt oder umgewandelt wird [5, 6].

Wenn wir jedoch unser Klima stabilisieren wollen, dann müssen wir diese gigantische „Luftverschmutzung" so schnell wie möglich beenden. Und das ist die Forderung der Pariser Klimakonferenz von 2015, nämlich den Temperaturanstieg weltweit auf 1,5 Grad gegenüber dem Wert von 1990 zu begrenzen; und dieses Ziel soll bis 2050 erreicht sein. Aber wie könnte das geschehen? Im Prinzip ganz einfach [8]: Man müsste das bei der Verbrennung entstehende $CO_2$ aus der Abluft herausfiltern und es dann sicher entsorgen, das heißt speichern oder vernichten. Das Letztere, nämlich eine Wiederzerlegung in Kohlenstoff (C) und Sauerstoff ($O_2$) scheidet natürlich aus, denn dafür bräuchte man mindestens genau so viel Energie, wie man vorher bei der Verbrennung gewonnen hat. Also bleibt nur die Möglichkeit, das $CO_2$ sicher zu speichern bzw. zu *sequestrieren* (vom lateinischen *sequestere,* absondern). Dafür werden heute eine ganze Reihe verschiedener Methoden diskutiert, die sich alle aber noch im Versuchsstadium bzw. davor befinden. Allen gemeinsam ist nur die Tatsache, dass sie viel Geld kosten. Man rechnet ganz grob mit einer Verteuerung von Kraftstoffen, Heizmaterial und Elektrizität um mindestens 30 %. Bevor man das $CO_2$ speichern kann, muss es aus den Verbrennungsabgasen abgetrennt werden. Das kann geschehen, indem man die übrigen Bestandteile des Abgases chemisch bindet. Das verbleibende $CO_2$ würde dann unter hohem Druck verflüssigt und könnte so transportiert werden.

Aber wohin? Und was macht man damit? Das am häufigsten erprobte Verfahren bestünde darin, das $CO_2$ tief im Erdboden zu deponieren in der Hoffnung, dass es da bleibt. Das kann entweder in salzhaltigem Grundwasser, sogenannten „Aquiferen" geschehen oder in Hohlräumen, die bei der Kohle-, Erdöl- und Erdgasgewinnung entstanden sind. Dort bleibt das $CO_2$ bei dem der Tiefe entsprechenden hohen Druck teils flüssig, teils im überkritischen Zustand stabil. Allerdings sind solche Lager nie ganz dicht. Im Lauf der Zeit diffundiert ein Teil des Kohlendioxids wieder aus dem Boden heraus, größenordnungsmäßig etwa ein Prozent der eingelagerten Menge pro Jahr. Das heißt, nach etwa 300 Jahren ist alles wieder draußen in der Luft, also kein Verfahren für die Ewigkeit. Man hofft, dass unseren Ururenkeln dann schon etwas dagegen einfallen wird!

Eine andere viel diskutierte Methode wäre die Einleitung des $CO_2$ in poröse Silikate der Erdkruste, zum Beispiel auch in vulkanische Lava. Dabei entstehen exotherm Karbonate und Kieselsäure, beides stabile feste Verbindungen. Ihre

Bildung erfolgt bei den herrschenden Umgebungstemperaturen allerdings nur sehr langsam, mit einer Halbwertszeit von einem oder wenigen Jahren.

Ein ganz anderes und relativ billiges Verfahren der $CO_2$-Entsorgung ist auch das Aufforsten von Wäldern. Denn bei der Photosynthese der Pflanzen wird $CO_2$ verbraucht und in organische Kohlenstoffverbindungen umgewandelt. Allerdings darf das entstehende Holz dann nicht wieder verbrannt werden! – Und schließlich kann man natürlich auch das schon in der Luft befindliche $CO_2$ direkt kondensieren. Dafür braucht man allerdings riesige Kühl- und Druckaggregate, und das Verfahren kostete etwa 50 Cent pro vorher erzeugte Kilowattstunde, etwa dreimal soviel wie der heutige Verbraucherpreis für die Industrie.

Allen bisher besprochenen Verfahren ist gemeinsam, dass bis heute nur kleine Versuchsanlagen existieren. Man kann daher nur grob schätzen welche Kosten bei großtechnischer Durchführung der Methoden entstehen werden. Auch ist nicht bekannt, ob genügend Orte und Lagerstätten für die zu speichernden $CO_2$-Mengen existieren. Auf jeden Fall ist die Sequestrierung nicht billig zu haben. Die Energiepreise würden dadurch um 30 bis 50 % steigen. Wem das zu viel ist, der muss ernsthaft über alternative Methoden der Energiegewinnung nachdenken. Und wie schon mehrfach erwähnt, ist die Sonnenenergie heute die billigste und vollkommen ausreichende Alternative.

# Der Energiebedarf

# 4

Warum erzeugen wir überhaupt soviel Kohlendioxid? Ganz einfach, weil wir soviel Energie brauchen und sie überwiegend mit fossilen Brennstoffen herstellen, mit Kohle, Erdöl und Erdgas. Natürlich könnten wir all unseren Bedarf auch ohne $CO_2$-Erzeugung befriedigen, nämlich aus Sonnenenergie. Warum wir das nicht tun, das hat vor allem wirtschaftliche Gründe. Einerseits ist die Technik dafür erst seit wenigen Jahrzehnten entwickelt, und es sind noch große Investitionen erforderlich. Andererseits werden mit fossilen Brennstoffen zur Zeit noch viel größere Gewinne erzielt als mit der Solartechnik. Sehen wir uns in Abb. 4.1 einmal an, aus welchen Quellen unsere Energie weltweit heute kommt: Vier Fünftel davon werden durch die Verbrennung von Kohle, Erdöl und Erdgas erzeugt. Auch die Nutzung von Biomasse (Pflanzen, Holz, Algen usw.) als Nahrung, zum Kochen, zum Heizen usw. liefert natürlich $CO_2$ in die Atmosphäre. Die Sonnenenergie selbst trägt weltweit bis heute erst etwa zwei Prozent zum Gesamtbedarf bei. Die Quellen in Abb. 4.1 bezeichnet man zusammenfassend als **Primärenergie.** Betrachten wir nun in Abb. 4.2 andererseits die „Senken" der Energie, das heißt, was für die verschiedenen Verbrauchsarten zur Verfügung steht, diesmal für Deutschland allein. Hier sehen wir, dass Gewerbe, Verkehr und Industrie zusammen drei Viertel der verfügbaren Energie verbrauchen, vor allem in Form von Wärme, chemischer Energie und Elektrizität. Alle diese Senken bezeichnet man als **Sekundärenergie** oder **Endenergie.**

- Hier ist eine Bemerkung zum Sprachgebrauch angebracht: Wir reden immer von „Erzeugung" oder vom „Verbrauch" der Energie. Das ist physikalisch falsch. Energie kann nämlich nicht hergestellt oder verbraucht werden. Ihre Menge bleibt bei jedem Prozess konstant. Was sich dabei ändert, ist nur die *Art* bzw. die *Form der Energie.* Das ist ein Naturgesetz. Solche Formen sind


K. Stierstadt, *Unser Klima und das Energieproblem*, essentials,
https://doi.org/10.1007/978-3-658-31029-5_4

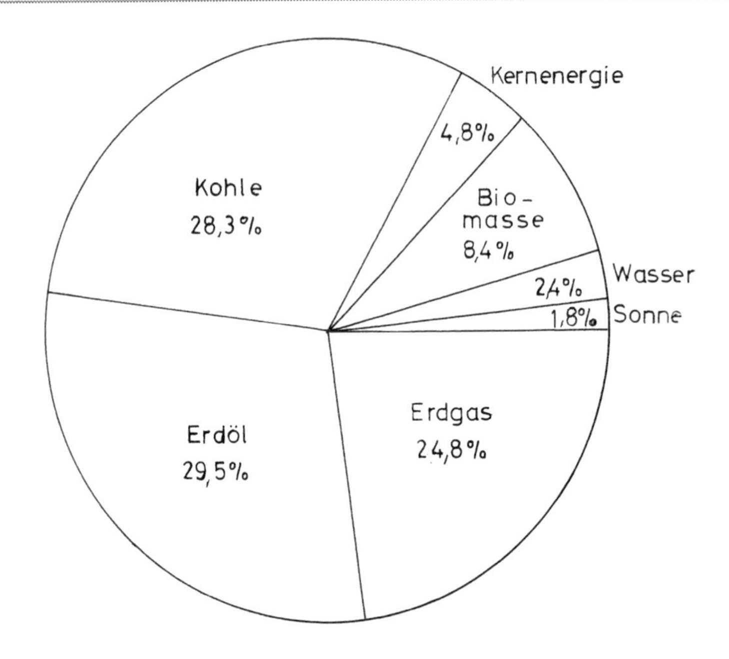


**Abb. 4.1** Anteile der verschiedenen primären Energiequellen an der Gesamtleistung der Welt im Jahr 2015. Sie betrug 18.200 GW. Extrapoliert man das auf 2020 mit 2 % Zuwachs so ergeben sich pro Jahr 20.020 GW [9]. Auf Deutschland allein entfielen 2015 440 GW Primärenergie

Wärme, Licht, Bewegung, elektrische oder magnetische Energie, Massenenergie, potenzielle Energie usw. Wenn eine dieser Formen „verbraucht" wird, das heißt abnimmt, dann „entsteht" gleichzeitig dieselbe Energiemenge in einer anderen Form. Zum Beispiel wird im Automotor chemische Energie in mechanische Bewegung und Wärme umgewandelt oder im Kraftwerk mechanische Energie in elektrische usw. Es geht aber insgesamt nichts verloren.

Was können wir nun aus den Abb. 4.1 und 4.2 entnehmen? Vor Allem fällt auf, dass bei den Verbrauchern, wie zum Beispiel in Deutschland, insgesamt etwa 35 % weniger Energie ankommt als aus den Quellen entnommen wird (290 anstatt 440 Gigawatt). Wo ist diese Differenz geblieben? Nun, sie ist bei den

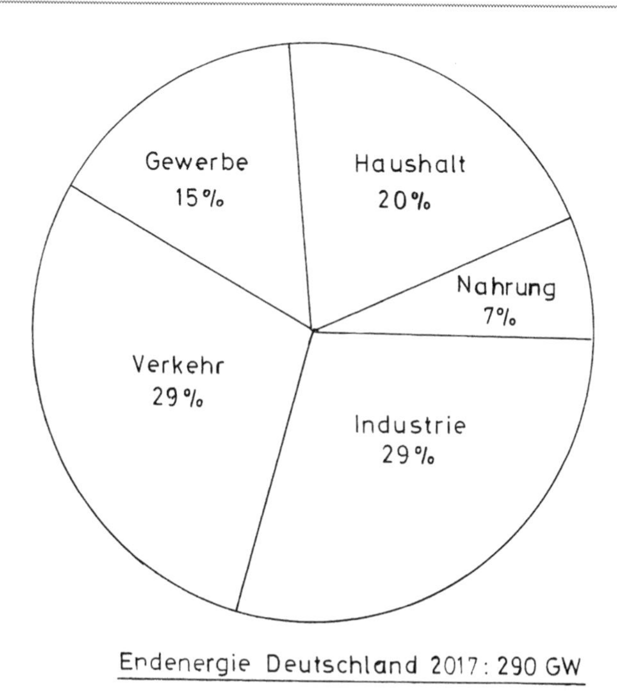


**Abb. 4.2** Anteile der in Deutschland für verschiedene Sektoren im Jahr 2017 benötigten Sekundärenergie („Endenergie") an der Gesamtleistung. Die Aufteilung auf die verschiedenen Verbrauchssektoren entspricht den üblichen Verhältnissen in hoch industrialisierten Ländern [10, 26]

Kraftwerken als nutzlose Wärme in die Umwelt geflossen, ins Kühlwasser und in die Luft über die Kühltürme. Das ist zum großen Teil eine Folge des *zweiten Hauptsatzes der Thermodynamik* [16]. Er ist ein Naturgesetz und verlangt, dass die physikalische Größe *Entropie* bei jedem Prozess in einem abgeschlossenen System konstant bleibt oder zunimmt. Und die Entropie ist grob gesprochen zum Beispiel das Verhältnis von ausgetauschter Wärmeenergie $Q$ zur Temperatur $T$. Ein Teil der bei der Verbrennung erzeugten Wärme muss daher immer in die kältere Umwelt fließen, damit $Q/T$ zunimmt, und das sind global die fehlenden 35 % der Energie. Allerdings könnten kluge Ingenieure diesen Anteil verkleinern. Dazu müssten die Wirkungsgrade unserer Energiewandler verbessert werden (s. Kap. 6).

Aber das ist noch nicht alles. In Abb. 4.3 ist dargestellt, welche Teile der Primär– und der verfügbaren Endenergie beim Verbraucher wirklich genutzt werden, zum Beispiel als Bewegung, Licht, Heizung, Kühlung usw. Bei dieser Umwandlung von End- in **Nutzenergie** gibt es wieder etwa 30 % Verluste, die als Wärme in die Umgebung fließen. Hier ist aber nicht der zweite Hauptsatz schuld, sondern die Technik oder die menschliche Vernunft. Ein Automotor oder eine Lampe wird warm obwohl damit meist nur Bewegung bzw. Licht erzeugt werden sollte. Diese Wärme wird nicht genutzt, und das sind die fehlenden 32 %. Die in der Abb. 4.3 dargestellte *gigantische Energieverschwendung* von insgesamt zwei Dritteln des Aufwands schreit geradezu nach Verbesserungen. Hier kann noch sehr viel getan werden, zum Beispiel Folgendes: Die Verluste beim

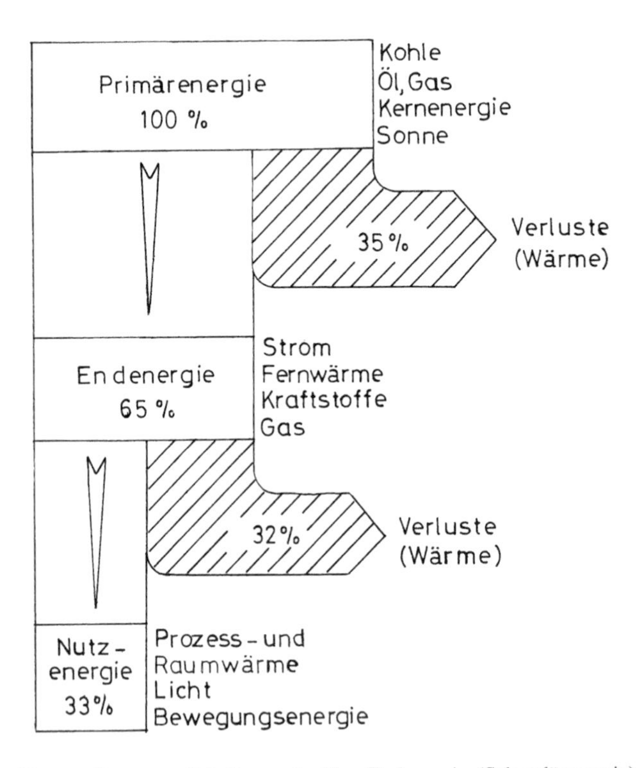


**Abb. 4.3** Umwandlung von Primärenergie über Endenergie (Sekundärenergie) in Nutzenergie in Deutschland im Jahr 2000. Die Gesamtverluste betrugen 67 %, also zwei Drittel (!) der eingesetzten Energie (nach D. Hein, Vortrag 2001)

Umwandeln von Primär- in Endenergie vor allem in unseren Kraftwerken könnte man verkleinern, indem man die Abwärme möglichst vollständig zum Heizen verwendet, sogenannte **Kraft-Wärme-Kopplung,** Stichwort Fernheizung. Die Verluste beim Übergang von der End- zur Nutzenergie ließen sich durch verschiedene Maßnahmen verringern: Durch bessere Wärmeisolierung der Häuser, denn heute wird die Hälfte der zum Heizen aufgewandten Energie durch Fenster und durch die Wände ins Freie hinausgejagt. Auch eine Geschwindigkeitsbeschränkung im Straßenverkehr und die Verlagerung des Gütertransports von der Straße auf die Schiene brächten erhebliche Einsparungen. Insgesamt könnte man durch diese Maßnahmen die Gesamtverluste von heute 67 % auf weniger als die Hälfte senken. Aber dem stehen massive wirtschaftliche Interessen entgegen. Die Industrie möchte möglichst viele Autos, Treibstoffe und Heizöl verkaufen; die Bauwirtschaft möchte möglichst viele Wohnungen und Büros billig herstellen und die Elektrizitätswerke möchten möglichst viel Strom verkaufen. Das empfiehlt uns jedenfalls die Werbung Tag für Tag. Hier würde nur entschlossenes politisches Handeln eine Wende bewirken.

Und wie schon gesagt, würde uns die Nutzung der Sonnenenergie weitgehend von der $CO_2$-erzeugenden Verbrennung fossiler Rohstoffe befreien (s. Kap. 6). Nur für den Flugverkehr hat man noch keine brauchbare Alternative gefunden. Aber die Solartechnik ist eine relativ junge Kunst, und zu ihrer umfassenden Nutzung sind noch große Investitionen nötig, die erst in Jahrzehnten respektable Gewinne abwerfen werden. Daher geht die Umstellung auf Sonnenenergie heute noch viel zu langsam vor sich.

Es stellt sich natürlich die Frage, wieviel Energie bzw. Leistung brauchen wir wirklich jetzt und in naher Zukunft? Teilt man die für 2020 errechneten rund 20.000 GW der Abb. 4.1 durch die Anzahl der heutigen Erdbewohner, rund 8 Milliarden, so kommen auf jeden etwa 2,5 kW. Doch diese Energie ist sehr ungleichmäßig verteilt [33]. In den Industrieländern stehen jeder Person heute im Mittel 5,5 kW Endenergie (s. Abb. 4.3) zur Verfügung, in den USA sogar 10,0 kW. Das ist das Arbeitsäquivalent von etwa 20 menschlichen Hilfskräften! In den Entwicklungs- und Schwellenländern sind es dagegen nur 0,5 kW (Indien 0,7 kW), also der Energieumsatz eines einzigen körperlich tätigen Menschen. Diese Ungleichverteilung führt zu den heute existierenden starken sozialen Spannungen zwischen den Bevölkerungsgruppen. Die meisten Menschen verfügen über zu wenig Energie bzw. diese ist für sie zu teuer. Das kann auf die Dauer nicht gut gehen.

Hinzukommt, dass die Erdbevölkerung ständig rapide wächst, heute um etwa 150 pro Minute bzw. 78 Millionen pro Jahr oder um 1,15 %. Extrapoliert man das gegenwärtige Wachstum auf das Jahr 2050, so werden dann statt der heutigen

7,75 etwa 10 Milliarden Menschen auf der Erde leben. Wie sich dann der Verbrauch entwickelt, das zeigt die untere Kurve in Abb. 4.4. Bleibt die Ungleichverteilung bestehen, so brauchen wir 2050 ca. 16.000 GW als Endenergie statt der heutigen 13.000 (die 20.020 aus Abb. 4.1 minus 35 % aus Abb. 4.3). Das ist ein Zuwachs von 20 %. Diesen Mehrbedarf dürfen wir natürlich, um unser Klima zu schonen, keinesfalls aus der Verbrennung fossiler Rohstoffe beziehen. Werden wir außerdem vernünftig und gleichen die Unterschiede zwischen der Bevölkerung in den Industrie- und Entwicklungsländern etwas aus, so erhalten wir die obere Kurve in Abb. 4.4. Dabei wurde angenommen, dass bis 2050 schrittweise der individuelle Leistungsbedarf in den Industrieländern durch Sparmaßnahmen von 5,5 auf 4 kW gesenkt wurde. In den Entwicklungsländern steigt er dagegen von 0,5 auf 2 kW. Das ergibt 2050 dann einen Leistungsbedarf von 25.000 GW, fast das Doppelte wie heute! Woher soll diese gewaltige Menge kommen? Angesichts des riesigen Potenzials der Sonnenenergie von etwa 17 Millionen GW (s. Abb. 5.1) bleibt wohl gar nichts Anderes übrig, als diese zu nutzen. Wem aber der Ausgleich des Energiebedarfs zwischen den Bevölkerungsgruppen als soziale Utopie erscheint, der möge warten, bis sich die Armen mit Gewalt das holen, was die Reichen zu viel haben.

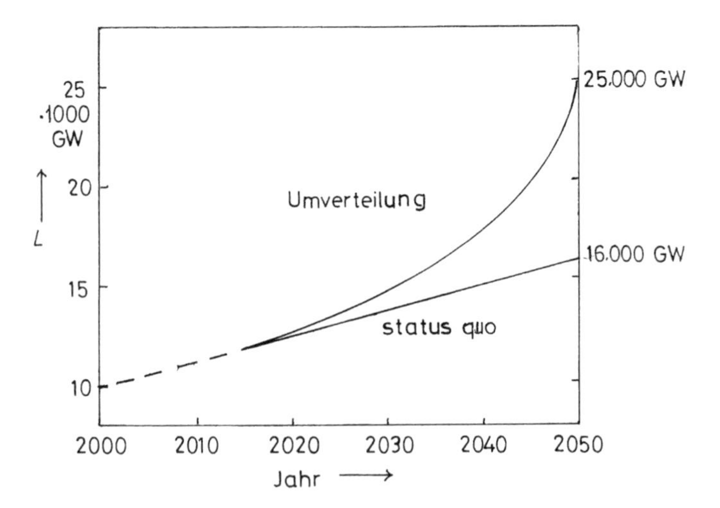


**Abb. 4.4** Entwicklung des weltweiten Leistungsbedarfs *(L)* an Endenergie bis zum Jahr 2050. Untere Kurve: Industrieländer 5,5 kW pro Person bzw. Entwicklungs- und Schwellenländer 0,5 kW. Obere Kurve: 4 bzw. 2 kW. Bevölkerungswachstum 1 %/Jahr. Bevölkerungsanteil in Industrieländern 2015 20 %, 2050 25 %

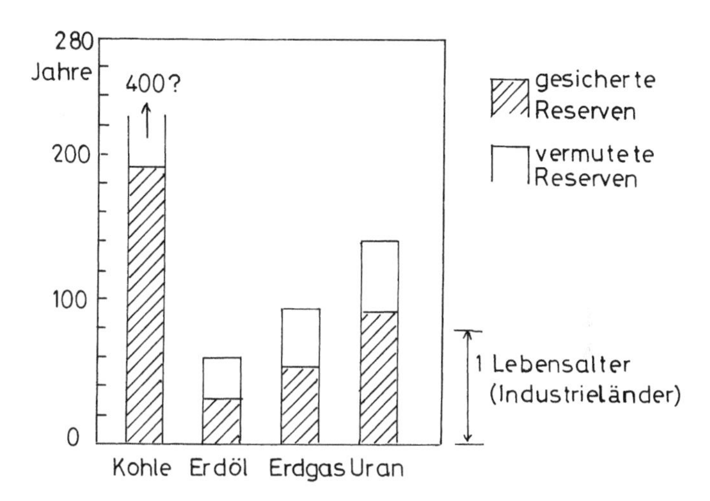


**Abb. 4.5** Voraussichtliche Nutzungsdauer der Reserven fossiler Brennstoffe und von Uran (nach D. Hein, Vortrag 2001)

Die Nutzung der Sonnenenergie ist auch wirklich der einzige Weg, den wir haben, denn die Vorräte fossiler Brennstoffe nehmen rapide ab. In Abb. 4.5 ist zu sehen, wie lange die bekannten Mengen bei *heutigem Verbrauch* noch reichen. Das ist bei Öl und Gas nur noch etwa eine Generation, beim Uran vielleicht eineinhalb. Die Kohle reicht eventuell noch 200 Jahre, wenn sie nicht als Ersatz für Öl und Gas in großem Umfang hydriert wird [11]. Wenn allerdings der nach Abb. 4.4 wachsende Bedarf ebenfalls aus den vorhandenen Vorräten gedeckt wird, dann sind diese noch schneller erschöpft. Man hört manchmal die Meinung, in der Arktis und der Antarktis würden noch unbekannte große Mengen solcher Rohstoffe liegen. Das mag vielleicht stimmen, jedoch ist zu bedenken, dass Förderung und Transport solcher Brennstoffe dort sehr viel teurer werden als heute bei den konventionellen Lagerstätten, sicher viel teurer als die Nutzung der Sonnenenergie. Und unser Klima würde sich dadurch noch viel schneller verschlechtern als heute.

# 5 Die Sonne

Bisher haben wir schon wiederholt auf die praktisch unerschöpflichen Vorräte an Sonnenenergie verwiesen. Nun wollen wir sehen, wie diese Energie entsteht und was sie auf der Erde alles bewirkt [11].

Unsere Sonne liefert uns mehrere tausend Mal soviel Energie, wie wir brauchen (Abb. 5.1), und das wahrscheinliche noch einige Milliarden Jahre lang. Die Sonne ist ein typischer Stern, von denen es in unserer Galaxie, der Milchstraße, etwa 100 Milliarden gibt. Ihr Durchmesser (1,4 Mio. km) ist etwa hundertmal so groß wie derjenige der Erde (12.740 km). Ihre Masse ($2 \cdot 10^{27}$ t) ist ca. 300.000-mal so groß wie die Erdmasse ($6 \cdot 10^{21}$ t). Die Sonne besteht zu etwa 70 % aus Wasserstoff, zu 28 % aus Helium und zu 2 % aus anderen schwereren Elementen. Die Abb. 5.2 zeigt einen schematischen Schnitt durch sie Sonne. Im Kern ist sie etwa 10 Millionen Grad heiß, an der Oberfläche nur noch 5500 °C. Die Sonne, und wir mit ihr, befindet sich in einem Spiralarm unserer Galaxie, etwa 28.000 Lichtjahre von deren Zentrum entfernt, das sie mit einer Geschwindigkeit von 250 km in der Sekunde in 20 Millionen Jahren einmal umkreist.

Die Sonne strahlt Energie mit einer Leistung von 400 Millionen mal Milliarden Gigawatt aus, die wir hauptsächlich als Licht und Wärme wahrnehmen. Das entspricht der Leistung von $4 \cdot 10^{17}$ irdischen Großkraftwerken! Woher kommt diese riesige Energie? Sie stammt aus der Verschmelzung („Fusion") von Wasserstoff zu Helium, die im Sonneninneren stattfindet. Ein solcher Prozess erfordert die dort herrschende hohe Temperatur von 10 Millionen Grad. Sie ist entstanden, als bei der Bildung der Sonne aus dem im Weltraum vorhandenen Wasserstoff dessen Gravitationsenergie sich in Bewegungsenergie der Atome umgewandelt hat. Bei 10 Millionen Grad sind alle Atome vollständig ionisiert, das heißt, die Materie besteht aus einem gasförmigen Plasma von Atomkernen und Elektronen. Wenn darin zwei Wasserstoffatomkerne bzw. Protonen ($H^+$) zusammenstoßen, bilden sie


K. Stierstadt, *Unser Klima und das Energieproblem*, essentials,
https://doi.org/10.1007/978-3-658-31029-5_5

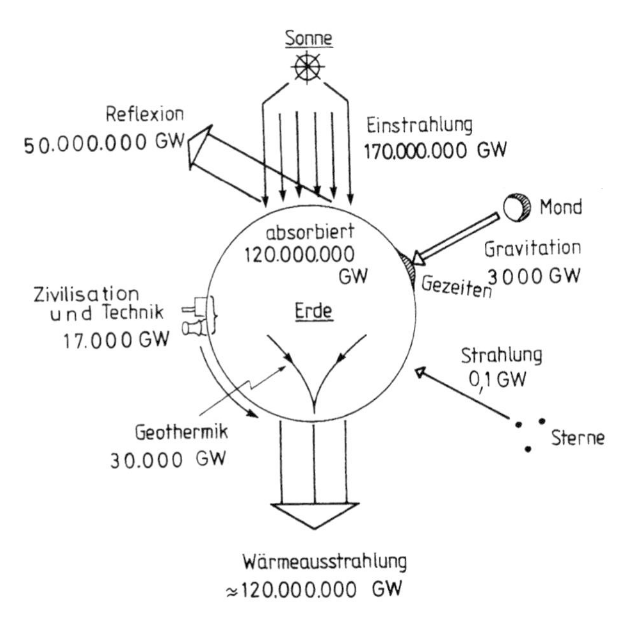


**Abb. 5.1** Die Energieströme der Erde in Gigawatt (nach [12])

einen Deuteriumkern ($D^+$), wie es in Abb. 5.3 skizziert ist. Kommt ein weiterer Wasserstoffkern dazu, so entsteht ein Helium-3-Kern ($^3_2He^{++}$), und zwei solcher Kerne bilden einen stabilen Helium-4-Kern ($^4_2He^{++}$), wobei wieder zwei Protonen emittiert werden. Auf diese Weise wird der Wasserstoff der Sonne nach und nach zu Helium „verbrannt", pro Sekunde 560 Millionen Tonnen, ein Würfel von 80 m Kantenlänge! Aber der Wasserstoffvorrat der Sonne reicht wegen ihrer riesigen Größe noch für 6 bis 7 Milliarden Jahre. Wir brauchen also nicht zu fürchten, dass sie bald zu strahlen aufhört.

Die bei diesem Fusionsprozess freiwerdende Energie besteht zunächst aus Gammastrahlung ($\gamma$), wie in Abb. 5.3 skizziert. Das sind elektromagnetische Wellen, ähnlich der Röntgenstrahlung, aber mit hundertmal höherer Energie bzw. kürzerer Wellenlänge. Diese Strahlen diffundieren vom Sonneninneren zur Oberfläche und verlieren durch Wechselwirkung mit Atomkernen nach und nach Energie. Sie werden dabei immer langwelliger und werden schließlich als sichtbares Licht und als Wärmestrahlung von der Oberfläche in den Weltraum emittiert. Ein solches Gammaquant braucht vom Zentrum bis zur Oberfläche rund 200.000 Jahre. Was wir heute sehen, wurde also etwa zur Zeit der Neandertaler

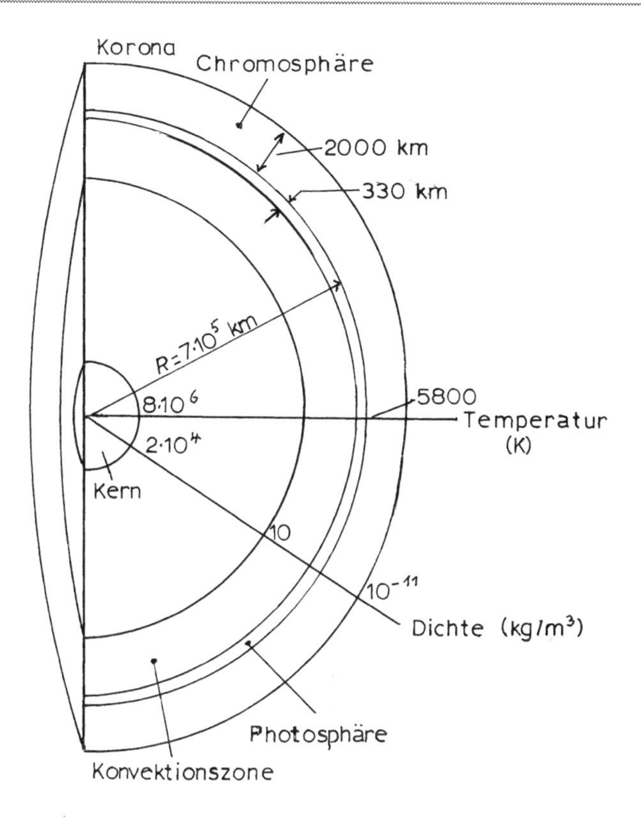


**Abb. 5.2** Struktur und physikalische Daten der Sonne (nach [13]). In diesem Maßstab wäre die Erde ein Stecknadelkopf in 10 m Entfernung

im Inneren der Sonne erzeugt! Das Licht kommt im Wesentlichen aus der Photosphäre der Sonne (s. Abb. 5.2), deren Temperatur etwa 5800 °C beträgt. Es breitet sich dann gradlinig im Raum aus, und ein winzig kleiner Teil davon gelangt nach etwa 8 Minuten auch zu uns auf die Erde. Dort erwartet es ein Schicksal, wie wir es in Abb. 2.3 gesehen hatten. Die auf die hohe Atmosphäre treffende Strahlungsleistung beträgt bei senkrechtem Lichteinfall 1370 Watt pro Quadratmeter, die sogenannte **Solarkonstante.** Das ergibt, über die gesamte Erdoberfläche integriert, die 170 Millionen Gigawatt in Abb. 5.1. Und das ist etwa das 8000-fache dessen, was die ganze Menschheit heute an Energie braucht (s. Abb. 4.2 und 5.1)! Hier sieht man ganz klar: Unser Energieproblem ist keines der Quantität sondern der

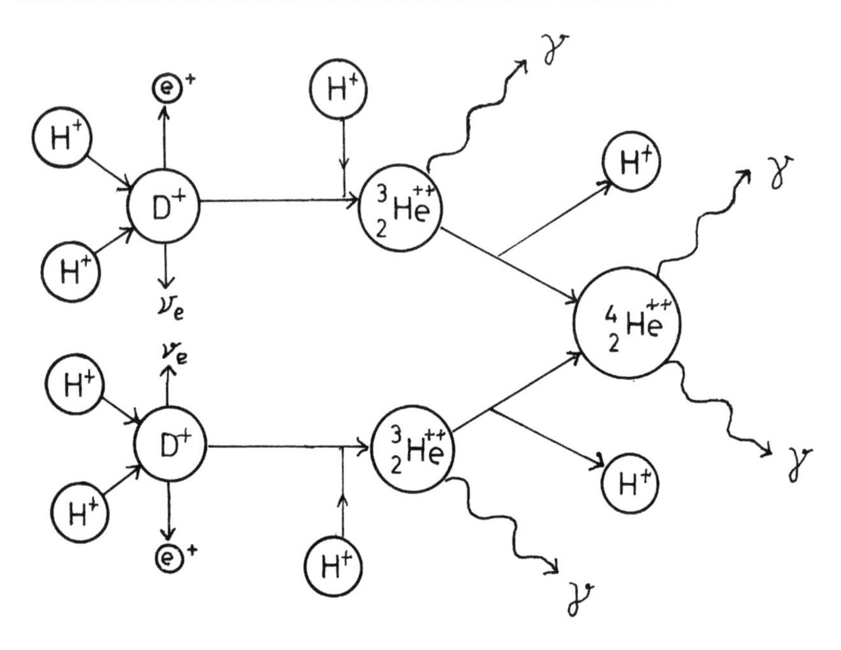


**Abb. 5.3** Zur Energieproduktion in der Sonne ($e^+$ Positron, $\gamma$ Gammaquant). Erläuterungen im Text

Qualität und der Verteilung. Es kommt nämlich darauf an, wo und in welcher Form wir die Energie benötigen: Wenn man sich in die Sonne legt, wird man zwar warm aber nicht satt. Und wenn man die Sonne auf sein Auto scheinen lässt, dann setzt sich der Wagen nicht in Bewegung, sondern er erwärmt sich nur. Wir brauchen also Geräte, die Sonnenenergie in andere Energieformen (elektrische, chemische, kinetische usw.) umwandeln, um unsere Bedürfnisse zu befriedigen, und das besprechen wir im Kap. 6.

Das **Spektrum des Sonnenlichts** ist in Abb. 5.4 dargestellt. Sie zeigt die Intensität der Strahlung in Watt pro Quadratmeter und pro Wellenlängenintervall in Abhängigkeit von der Wellenlänge (untere Skala) bzw. von der Energie (obere Skala). Licht kann nämlich als Welle oder als Teilchen (Quant oder Photon) angesehen werden. Je kleiner die Wellenlänge, desto größer ist die Energie. Die Intensität ist im sichtbaren Bereich am größten, im nahen infraroten etwa zehnmal kleiner und im ultravioletten etwa hundertmal kleiner. Die Wärme, die wir bei Sonnenbestrahlung spüren, wird vor allem vom langwelligen infraroten Teil des Lichts verursacht, der sogenannten Wärmestrahlung. Das ultraviolette Licht

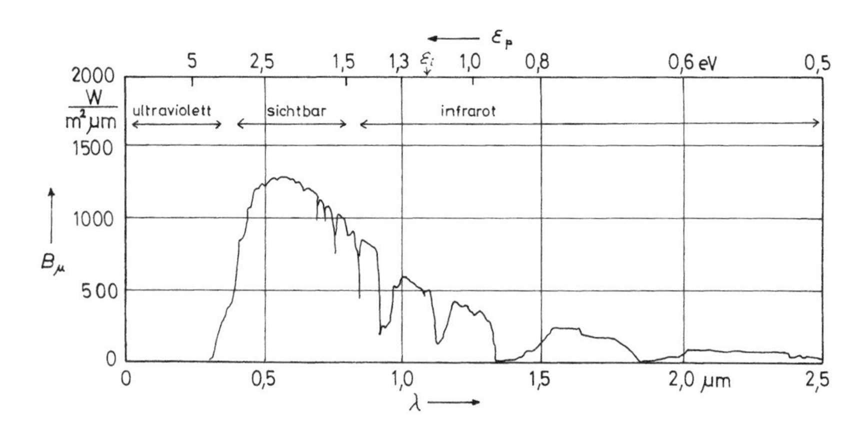


**Abb. 5.4** Sonnenspektrum an der Erdoberfläche bei klarem Himmel und bei Sonnenstand 42° über dem Horizont. Bestrahlungsdichte $B_\mu$ als Funktion von Wellenlänge und Photonenenergie. Die Einschnitte im Spektrum rühren von der Absorption der Strahlung durch atmosphärische Gase her (nach [14])

wird von bestimmten Pflanzen und Tieren genutzt; beim Menschen verursacht es dagegen Hautkrebs.

Die 170 Millionen Gigawatt, welche die Sonne ständig liefert (s. Abb. 5.1) bzw. die 1370 Watt pro Quadratmeter (Solarkonstante) stehen uns natürlich nicht vollständig zur Verfügung. Mittelt man über die ganze Erde, über Tag und Nacht, Sommer und Winter, und zieht die von der Atmosphäre reflektierte sowie absorbierte Leistung ab, dann bleiben an der Erdoberfläche noch rund 170 Watt pro Quadratmeter übrig (s. Abb. 2.3). Dieser Wert schwankt noch je nach Bewölkung, Staubgehalt und Temperaturverteilung in der Troposphäre. Die 170 Watt werden in Natur und Technik in vielfältiger Weise in andere Energieformen umgewandelt, zum Beispiel in Bewegung als Wind, Wellen, Wasserströmungen, in chemische Energie bei Pflanzen und Tieren, in Elektrizität durch Photovoltaik usw. In der Abb. 5.5 ist das irdische Schicksal der Sonnenstrahlung quantitativ erläutert. Hier sind auch die Kernenergie, die Erdwärme und die Gezeitenenergie mit erfasst, die nicht von der Sonne kommen (s. Kap. 7). Weniger als ein Promille der einfallenden Strahlung werden durch das Chlorophyll der grünen Pflanzen und Algen mit Hilfe von Kohlendioxid und Wasser zu Sauerstoff und Biomasse umgesetzt. Dieser kleine Teil der Sonnenenergie, etwa 150.000 Gigawatt bzw. das Zehnfache des technischen Bedarfs, reicht bei Weitem aus, um die ganze Menschheit und alle Lebewesen mit Sauerstoff und Nahrung

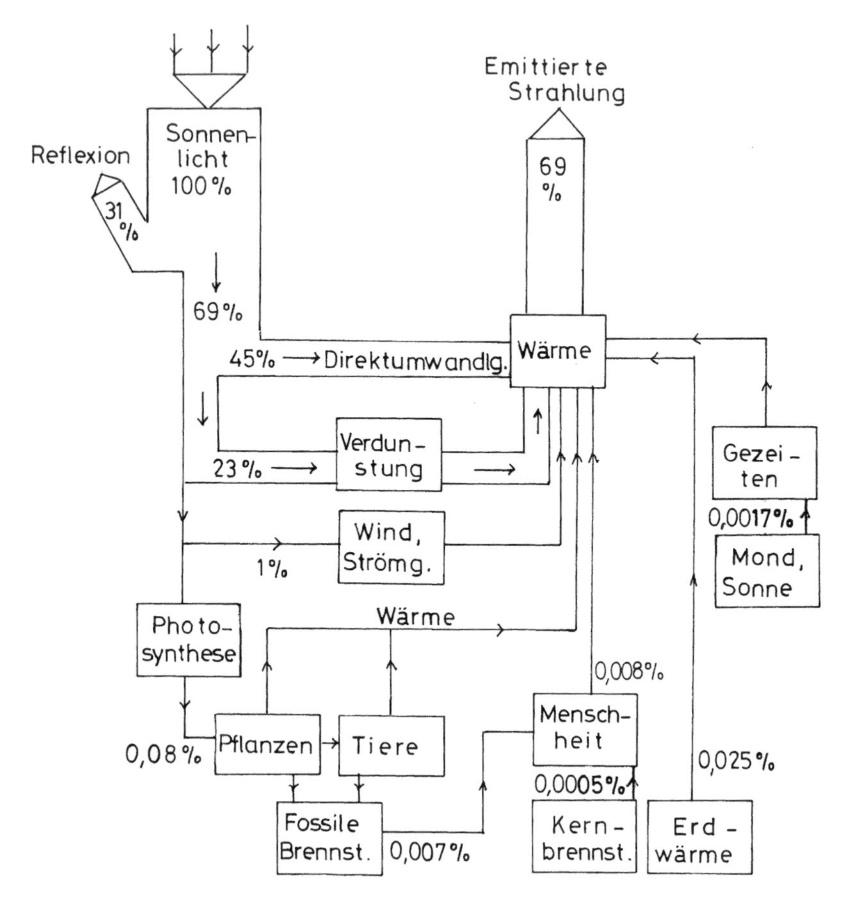


**Abb. 5.5** Energieflussdiagramm der Erde (nach [6]). Die Prozentangaben beruhen auf etwas anderen Berechnungen als in Abb. 2.3 und 5.1

zu versorgen. Die Biomasse wird in verschiedener Weise genutzt: Etwa 700 GW werden für menschliche Nahrung und Tierfutter verwendet. Das sind 1,5 % der gesamten Photosyntheseleistung. Ungefähr das Dreifache, 2000 GW, werden beim Kochen und Heizen verbrannt. Und 1500 GW dienen der Stromerzeugung und zur Herstellung von Biokraftstoffen für Verbrennungsmotoren. Und letzten Endes werden rund 70 % der eingefallenen Energie als Wärme bzw. infrarote Strahlung wieder in den Weltraum emittiert (s. auch Abb. 2.3).

Wie anfangs erwähnt, ist die Sonnenenergie praktisch unerschöpflich. Die Sonne ist vor etwa 5 Milliarden Jahren aus einer Verdichtung des interstellaren Wasserstoffgases entstanden. Und diese rührte wahrscheinlich von der Supernovaexplosion eines anderen Sternes her. Bei so einem Ereignis wird fast die gesamte Energie eines Sterns innerhalb von Stunden frei gesetzt und in den Weltraum gestrahlt. Die Stabilität der Sonne beruht zurzeit auf einem Gleichgewicht zwischen Fusionsdruck (von innen) und Gravitationsdruck (von außen). Das funktioniert gut, solange genügend Wasserstoff für die Fusion vorhanden ist. Weil dieser aber nach und nach zu Helium „verbrannt“ wird, und dieses zu Kohlenstoff und anderen schwereren Elementen, nimmt der Fusionsdruck mit der Zeit ab. Der Gravitationsdruck presst dann die Sonne zusammen, wobei es im Inneren immer heißer wird. In etwa 7 Milliarden Jahren nimmt diese Hitze überhand und die Sonne dehnt sich auf das Tausendfache ihres jetzigen Radius aus. Sie wird zu einem Roten Riesenstern, wie wir mehrere in unserer Galaxie kennen. Ihr Durchmesser ist dann zehnmal größer als der heutige Erdbahnradius. Alle inneren Planeten bis zum Mars und auch die Erde werden von der Sonne verschluckt. Ein paar Millionen Jahre später zieht sich die Sonne dann wieder auf ein Zehntel bis ein Hundertstel ihrer ursprünglichen Größe zusammen und wird zu einem Weißen oder Schwarzen Zwergstern. Der leuchtet dann nur noch ganz schwach mit einem Hundertstel der heutigen Intensität. Aber woher weiß man das alles? Man schließt es aus der Beobachtung anderer sonnenähnlicher Sterne in unserer Galaxie, die sich in den verschiedensten Entwicklungsstadien befinden.

Unser zukünftiges Schicksal wird also sein: erst Feuer, dann Eis. Aber das passiert, wie gesagt, erst in etwa 7 Milliarden Jahren. Ob dann noch menschliches Leben existiert ist aber eher unwahrscheinlich: Entweder wir eliminieren uns vorher selbst durch mutwillige Zerstörung unserer Umwelt oder unserer biologischen Lebensgrundlagen [15]. Oder alles organische Leben auf der Erde wird durch eine in der Nähe stattfindende Supernovaexplosion ausgelöscht. Die Wahrscheinlichkeit dafür beträgt innerhalb von 7 Milliarden Jahren größenordnungsmäßig 100 %. Die Strahlung einer solchen Explosion besteht aus Neutronen, Protonen, Elektronen, Gammaquanten usw. und ist für alles organische Leben absolut tödlich. Zurück bleibt vom explodierten Stern dann meist ein Schwarzes Loch, von dem man nichts mehr sieht, weil nichts aus ihm herauskommen kann, nicht einmal Licht.

# Die Sonnenenergiewandler 6

## 6.1 Übersicht

Die Sonnenenergie, die als Licht und Wärme zu uns kommt, lässt sich in vielfacher Weise in andere Energieformen umwandeln. Menschen haben das schon vor etwa einer Million Jahren entdeckt, als sie lernten, das Feuer zu beherrschen. Damit konnten sie heizen und gekochte Nahrung zubereiten. Vor etwa 10.000 Jahren lernten sie dann, die Bewegungen von Wind und Wasser zu nutzen, alles indirekte Formen der Sonnenenergie. Es gab die ersten Segelschiffe, Windmühlen und Wassermühlen. Heute verfügen wir über eine große Zahl technisch hoch entwickelter Methoden zur Nutzung der Sonnenenergie. Einen Überblick zeigen die Abb. 6.1a–c. Bitte vertiefen Sie sich etwas darin, und Sie werden sehen, dass die am häufigsten erzeugte sekundäre Energieform die elektrische ist, hier kurz mit „Strom" bezeichnet. Das hat einen tieferen Grund: Elektrische Energie lässt sich am einfachsten in viele andere benötigte Energieformen transformieren, in Licht, Wärme, Kühlung, Bewegung, chemische Energie, Schwingungsenergie, magnetische Energie usw.

Wir wollen in diesem Kapitel die wichtigsten Geräte und Maschinen kurz besprechen, die man zur Umwandlung der Sonnenenergie erfunden hat, die sogenannten **Energiewandler.** Die Vielfalt solcher Möglichkeiten erlaubt es uns, in Zukunft auf die Verbrennung fossiler Rohstoffe ganz zu verzichten und damit unser Klima zu retten.

Hier noch ein Wort zum Sprachgebrauch: In unsere Umgangssprache hat sich die Bezeichnung „erneuerbare Energie" eingebürgert. Damit ist keineswegs gemeint, dass Energie altern kann und erneuert werden muss, wie etwa ein Lebewesen, ein Gebäude oder ein Gerät. Vielmehr sind damit die Energieformen gemeint, die nicht aus fossilen Brennstoffen wie Kohle, Erdöl, Erdgas oder Uran gewonnen



K. Stierstadt, *Unser Klima und das Energieproblem*, essentials,
https://doi.org/10.1007/978-3-658-31029-5_6

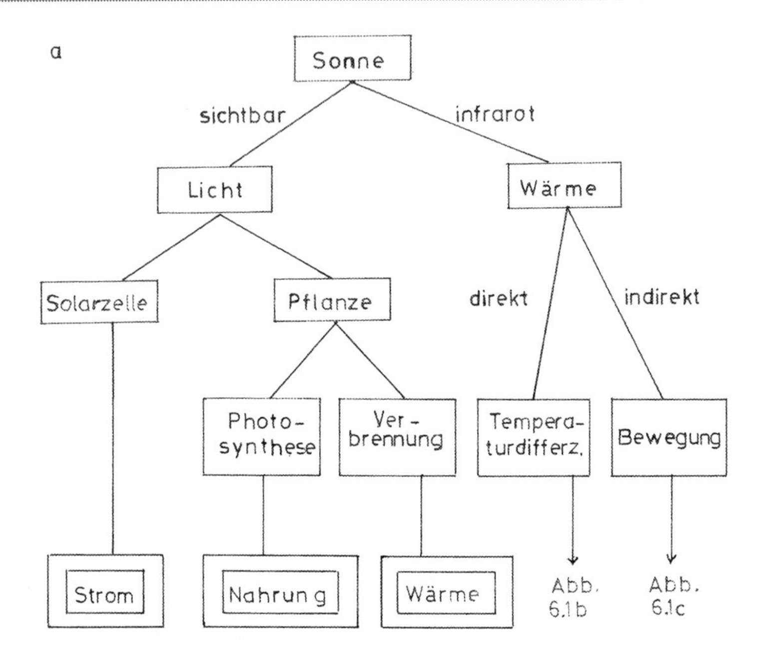


**Abb. 6.1** Die Nutzung der Sonnenenergie in Natur und Technik. Die Nutzenergieformen sind doppelt umrandet. **a** Primärprozesse, **b** direkte Nutzung über eine Temperaturdifferenz, **c** indirekte Nutzung über die Bewegung von Wind und Wasser

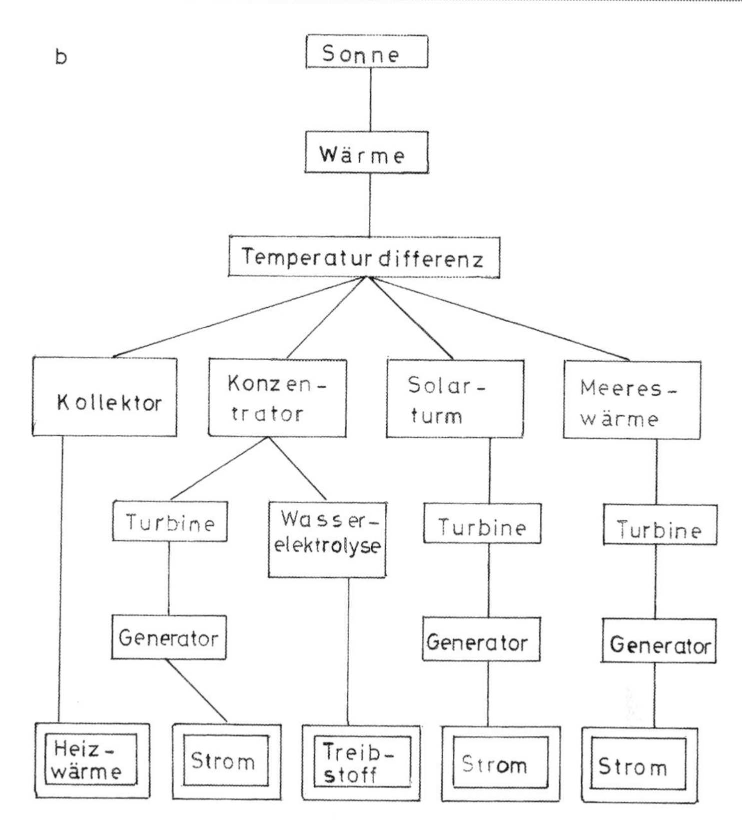


**Abb. 6.1** (Fortsetzung)

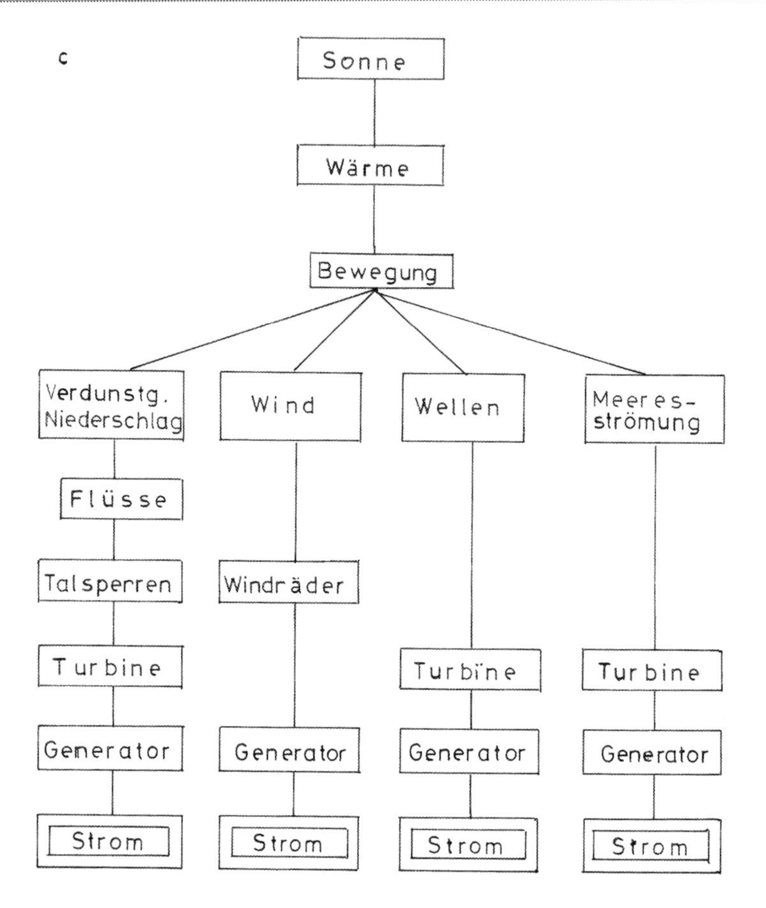


**Abb. 6.1** (Fortsetzung)

werden, sondern aus der Sonnenenergie, der Erdwärme, den Gezeiten usw. Das Wort „erneuerbar" ist hier fehl am Platz. Man sollte besser von „alternativer" oder „unerschöpflicher" Energie sprechen. Ebenso fehl am Platz ist die Bezeichnung „nachhaltig" für diese Energieformen. Sie rührt von einer falschen Übersetzung des englischen „sustainable" her, was „verträglich" (für die Umwelt) bedeutet.

## 6.2 Wirkungsgrad

Ein allgemeines Kennzeichen aller Energiewandler ist ihr **Wirkungsgrad** $\eta$. Er gibt an, „wie gut" sie sind oder genauer, welcher Teil der dem Wandler zugeführten Energie $E_{zu}$ als abgeführte $E_{ab}$ wieder zur Verfügung steht:

$$\eta \equiv \frac{E_{ab}}{E_{zu}}. \tag{6.1}$$

Dieser Anteil ist immer kleiner als 1 bzw. als 100 %. Die Ursachen für den dadurch charakterisierten Verlust sind einmal der zweite Hauptsatz der Thermodynamik [16] und andererseits die technische Unvollkommenheit der Geräte und Maschinen. Mit besonders hohen Wirkungsgraden, das heißt besonders verlustfrei, arbeiten elektrische Maschinen und Wasserturbinen. Besonders hohe Verluste gibt es dagegen bei Lampen und bei Wärme-Kraft-Maschinen wie Dampfmaschinen, Diesel- und Benzinmotoren usw. Einen Überblick über die Wirkungsgrade der Energiewandler findet man in der späteren Tab. 6.1.

## 6.3 Solarzellen

Wir beginnen unsere Erläuterungen mit den bekannten photovoltaischen **Solarzellen** bzw. **Solarmodulen,** die auf unseren Dächern und auch frei in der Landschaft stehen. Sie wandeln Sonnenlicht direkt in elektrischen Strom um (Abb. 6.1a). Der Aufbau einer solchen Zelle ist in Abb. 6.2 skizziert. Sie besteht aus zwei übereinander angeordneten Halbleiterschichten, zum Beispiel aus Silizium. Die obere Schicht ist n-dotiert, das heißt, sie hat einen Elektronenüberschuss. Die untere ist p-dotiert und hat daher zu wenig Elektronen. Einige derselben wandern dann von der n- zur p-Schicht. Dadurch entsteht an deren Berührungsfläche eine Raumladungsschicht (RL), in der ein starkes elektrisches Feld $\boldsymbol{E}$ herrscht. Wenn ein Lichtquant mit genügend hoher Energie $\varepsilon$ in diese Schicht gelangt, dann kann es ein Siliziumatom ionisieren. Das dabei entstehende Elektron wird durch das elektrische Feld nach oben in die n-dotierte Schicht gezogen. Dadurch entsteht eine elektrische Spannung zwischen Ober- und Unterseite der Zelle. Verbindet man beide außen herum durch Leiter (K,K) wie in der Abbildung, so fließt durch diese ein elektrischer Strom. Für eine 1 $dm^2$ große Zelle erhält man bei Bestrahlung mit 10 Watt Lichtleistung einen Strom von etwa 1 Ampere. Die heute käuflichen Module von 1 $m^2$ Fläche enthalten 100 solcher Zellen und liefern bei der in unseren Breiten maximal

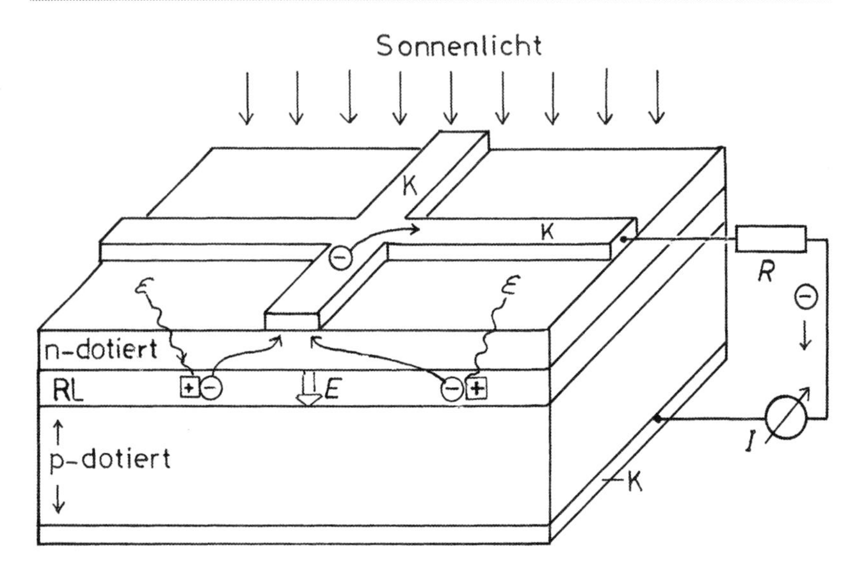


**Abb. 6.2** Prinzip einer photovoltaischen Solarzelle, Erläuterungen im Text

möglichen Lichtleistung von 1000 W eine elektrische von 100 W. Das entspricht nach Gl. (6.1) einem Wirkungsgrad von 10 %. Neun Zehntel der eingestrahlten Energie werden dabei als nutzlose Wärme in die Umgebung abgeführt. In Laborversuchen wurden mit speziell konstruierten Zellen aber auch schon Wirkungsgrade bis zu 40 % erreicht. Um den Elektrizitätsbedarf von ca. 1,5 Kilowatt eines Bewohners der Industrieländer zu decken, braucht man bei gemittelter Einstrahlung von 170 Watt pro Quadratmeter (s. Abb. 2.3) etwa 90 $m^2$ normaler Modulfläche. Für Bewohner von Entwicklungsländern mit einem Verbrauch von 160 Watt sind das aber nur etwa 10 $m^2$.

## 6.4 Biomasse

Als Nächstes besprechen wir den von der Natur gelieferten Energiewandler, den es auf unserem Planeten gibt, die grünen Pflanzen und Algen. Nach Abb. 5.5 setzen sie etwa ein Tausendstel der einfallenden Sonnenenergie um. Das ist ungefähr das Zehnfache des weltweiten menschlichen Verbrauchs. Die Pflanzen und Algen tun dies mithilfe der **Photosynthese.** Dabei wird sichtbares Licht der Energie $\varepsilon$ benutzt um aus Kohlendioxid und Wasser Kohlenwasserstoffe und

Sauerstoff herzustellen. Solche Kohlenwasserstoffe sind zum Beispiel Stärke oder Glukose:

$$6\,CO_2 + 6\,H_2O + \varepsilon \rightarrow C_6H_{12}O_6 + 6\,O_2. \tag{6.2}$$

Diese Bruttoreaktion verläuft in den Pflanzen mit Hilfe von Chlorophyll-Molekülen über eine Reihe von etwa 20 Teilreaktionen [11]. Auch alle Pflanzenmaterialien entstehen auf ähnliche Weise, Holz, Stroh, Blätter, Früchte usw. Der Wirkungsgrad der Photosynthese beträgt nur etwa 0,5 %, 99,5 % der Lichtenergie werden dabei in Wärme verwandelt. Das ist ein typischer Wirkungsgrad für viele organische Prozesse.

Soweit die Energieumwandlungen aus dem sichtbaren Teil des Sonnenspektrums. Nun kommen wir zum infraroten Teil desselben, der „Sonnenwärme" (Abb. 6.1b,c). Sie kann auf zwei verschiedene Arten genutzt werden: Entweder direkt aufgrund einer entstehenden Temperaturdifferenz oder indirekt über dadurch erzeugte Bewegungen in Luft und Wasser. Bei den meisten heute verwendeten Umwandlungsmethoden ist das Endprodukt Elektrizität, kurz „Strom". Diese wird mit einem Generator erzeugt, der von einer Wärme-Kraft-Maschine oder Turbine angetrieben wird. Wir setzen hier voraus, dass man aus der Schule weiß, wie diese Geräte aufgebaut sind und funktionieren [11].

## 6.5 Solarkollektoren

Wir beginnen mit dem einfachsten solcher Wärmeenergiewandler, einem **Solarkollektor.** Er besteht aus einer Anordnung paralleler Röhren, in denen eine Flüssigkeit durch Wärmeeinstrahlung aufgeheizt wird, zum Beispiel Öl oder Wasser. Montiert man den Kollektor auf einem geneigten Dach, so steigt die erwärmte Flüssigkeit aufgrund ihrer geringeren Dichte nach oben und gelangt durch ein Röhrensystem ins Innere des zu heizenden Gebäudes. Oft wird die Flüssigkeit auch durch eine Pumpe in Umlauf gebracht. Der Wirkungsgrad eines solchen Kollektors liegt zwischen 60 und 75 Prozent. Für einen Vierpersonenhaushalt braucht man in Deutschland zur Warmwasserversorgung etwa 5 $m^2$ Kollektorfläche, zur Raumheizung etwa 15 $m^2$. Aber die reichen bei uns allerdings nur zur Deckung von einem Viertel des jährlichen Heizbedarfs.

## 6.6 Solarkraftwerke (Solaröfen)

Ein Solarkollektor ist zwar recht effektiv, aber er liefert nur relativ kleine Temperaturdifferenzen, bis zu etwa 100 Grad. Für viele Zwecke braucht man wesentlich höhere Temperaturen, vor allem für Wärme-Kraft-Maschinen zur Stromproduktion. Dazu benutzt man Vorrichtungen, welche die Sonnenwärme konzentrieren, wie zum Beispiel das bekannte Brennglas oder den Hohlspiegel. In Abb. 6.3 sind drei verschiedene solcher **Konzentratoren** skizziert: ein Parabolspiegel, eine Anordnung ebener Spiegel mit einem zentralen Empfänger und eine parabelförmig gekrümmte Rinne. Mit den ersten beiden lässt sich die Bestrahlungsintensität (Leistung pro Fläche) der Sonne auf das Tausendfache erhöhen, mit der Parabolrinne auf das Hundertfache. Die Abb. 6.4 zeigt Bilder solcher Anlagen. In den Brennflecken der Spiegel erreicht man Temperaturen bis zu 3000 °C. Damit kann man Flüssigkeiten wie Wasser, Öle oder geschmolzene Salze erhitzen, die dann eine Turbine und einen Generator antreiben. Mit einem Parabolspiegel bzw. Scheibenkonzentrator erhält man so einige Megawatt elektrischer Leistung, etwa soviel wie ein großes Windrad (s. Abb. 6.5). Ein Zentralempfänger liefert sogar 25 bis 50 Megawatt. Und eine große Parabolrinnenanlage in der kalifornischen Mojave-Wüste erzeugt heute mit einer Spiegelfläche von 2,3 $km^2$ 350 Megawatt, soviel wie ein mittelgroßes Kohle- oder Gaskraftwerk. Der Erzeugerpreis des Stroms aus diesen Anlagen ist heute noch etwa doppelt so hoch wie derjenige aus konventionellen Kraftwerken. Man rechnet aber damit, dass die Solarkraftwerke in etwa zehn Jahren voll konkurrenzfähig sein werden. Ihr Wirkungsgrad zur Elektrizitätserzeugung liegt heute bei 25 bis 30 %.

## 6.7 Windräder

Neben der Photovoltaik ist heute die **Windkraft** der aussichtsreichste Lieferant von Sonnenenergie. Windmühlen gab es schon vor einigen tausend Jahren, aber die modernen Windräder kamen erst nach der Ölkrise um 1970 in Gebrauch. Sie sind heute bis zu 200 m hoch und die Rotorblätter bis zu 100 m lang (Abb. 6.5). Etwa 1 % der einfallenden Sonnenenergie (s. Abb. 5.5), nämlich 1,7 Millionen Gigawatt werden weltweit in Bewegungsenergie der Luft umgesetzt (s. Abb. 5.5). Davon könnten schätzungsweise wieder etwa 1 % bzw. 17.000 Gigawatt technisch genutzt werden, wenn man überall dort Windräder aufstellen würde, wo es sich lohnt und wo sie nicht stören. Damit könnte der gesamte Energiebedarf der Menschheit im Jahr 2050 gedeckt werden (s. Abb. 4.4). Wind ist also ein sehr aussichtsreicher

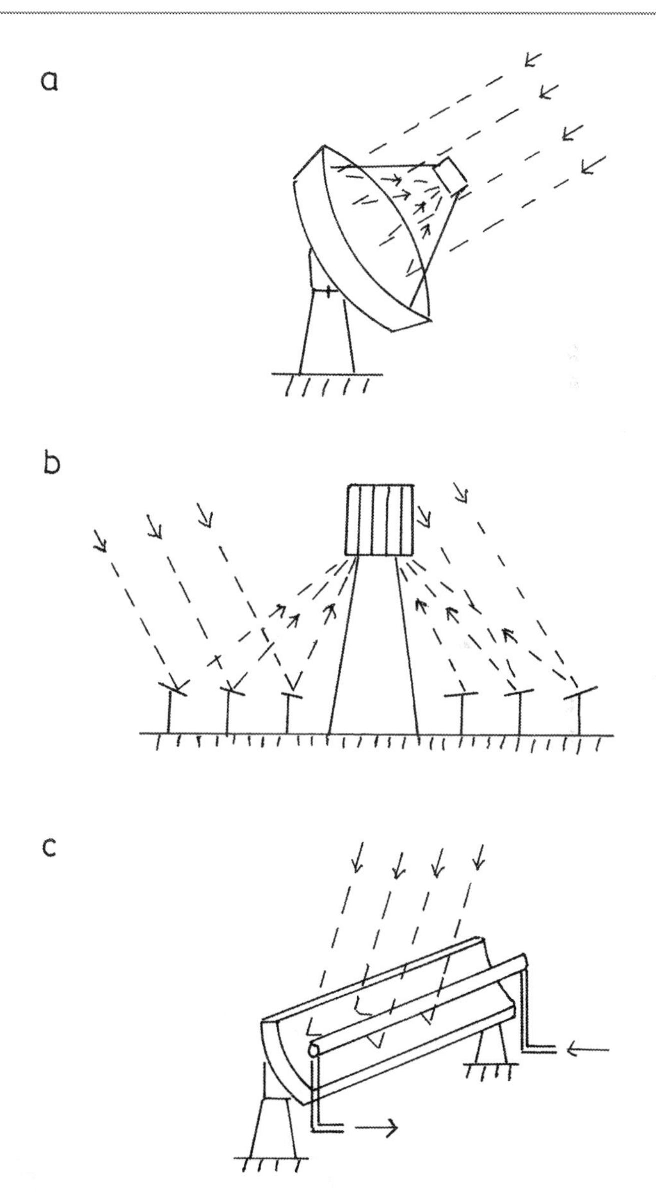


**Abb. 6.3** Drei Ausführungsformen von Spiegel-Konzentratoren. **a** Scheibenkonzentrator, **b** Zentralempfänger-System, **c** Parabolrinnen-Konzentrator

**Abb. 6.4** Sonnenkraftwerke. **a** Scheibenkonzentrator in Almeria, Spanien (Foto: Lumos 3), **b** Zentralempfänger-System in Kalifornien (Foto: abc 123), Parabolrinnen-Konzentrator in Spanien (Foto: DLR/Ernsting)

**Abb. 6.4** (Fortsetzung)

**Abb. 6.4** (Fortsetzung)

Energielieferant. Allerdings wird er noch viel zu wenig genutzt, vor allem aus wirtschaftlichen Gründen, aber auch wegen einiger Vorbehalte der Bevölkerung gegen die Windräder. In Deutschland befinden sich derzeit etwa 25.000 davon mit zusammen 75 Gigawatt Maximalleistung in Betrieb. Diese beträgt 3 bis 5 Megawatt pro Windrad, kann aber wegen schwankender Windgeschwindigkeit nur zu etwa 30 % der Zeit genutzt werden. Erst bei Geschwindigkeiten von 15 bis 30 m pro Sekunde (Windstärke 6 bis 10) liefert so ein Rad seine volle Leistung. Bei kleinerer Geschwindigkeit bleibt es stehen und bei größerer geht es kaputt. Der Wirkungsgrad der heutigen Windräder beträgt rund 0,5 bzw. 50 %. Weltweit wurden bisher etwa 100.000 Windräder mit einer Maximalleistung von 400 Gigawatt installiert. Der Stromerzeugerpreis ist mit 6 Cent pro Kilowattstunde schon konkurrenzfähig mit dem aus konventionellen Kraftwerken (s. Abb. N.1).

## 6.8 Wirkungsgrade und Potenziale

Einen Überblick über die *realen* Wirkungsgrade der besprochenen Energiewandler und einige weiterer zeigt die Tab. 6.1. Dabei ist zu berücksichtigen, dass die Wirkungsgrade der einzelnen Geräte verschieden definiert sind, je nachdem, welche Energieform in welche andere umgewandelt wird (s. Gl. 6.1).

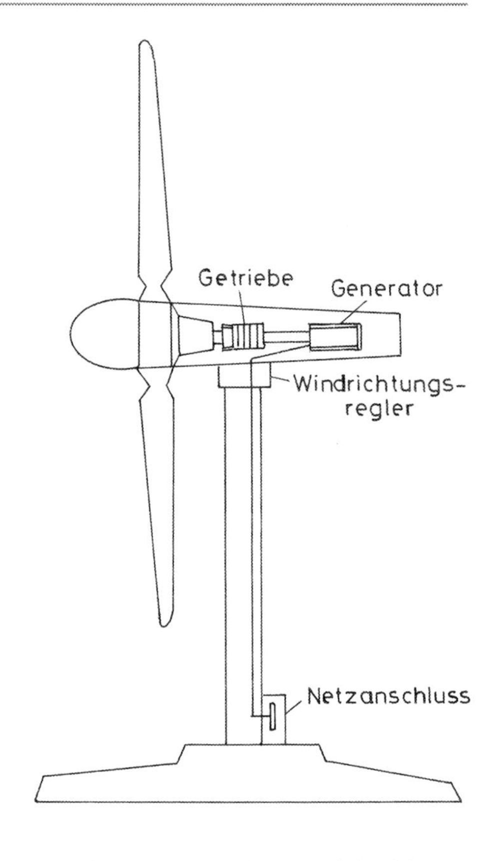


**Abb. 6.5** Konstruktion eines Windkraftwerks

Die zugeführte Primärenergie müssen wir bezahlen, sofern es sich nicht um Sonnenenergie und ihre Folgewirkungen handelt. Die abgeführte Nutzenergie bekommen wir als Gegenwert. Bei dieser Betrachtung erscheint uns alles, dessen Wirkungsgrad unter 50 % liegt, ziemlich unattraktiv. Die Bemühungen der Entdecker und Erfinder, der Ingenieure und Techniker, sollten daher auf die Überwindung dieser 50-Prozent-Grenze gerichtet sein. Beispiele dafür sind die Entwicklung des Gas-und-Dampf-Kraftwerks, der Kraft-Wärme-Kopplung oder der Ersatz von Glühbirnen ($\eta \approx 7\%$) durch LED-Lampen ($\eta \approx 50\,\%$) (Näheres in [11]).

Wir haben schon mehrfach festgestellt, dass die verfügbare Sonnenenergie das Vieltausendfache des Bedarfs der Menschheit liefern könnte. Die verschiedenen Erscheinungsformen der Energie tragen dazu in recht unterschiedlichem Maße bei (s. Abb. 6.1). Was davon unter *ökonomischen und ökologischen*

**Tab. 6.1** Reale Wirkungsgrade verschiedener Energiewandler (Mittelwerte). Die Umwandlungsarten lauten abgekürzt: c chemisch, e elektrisch, m mechanisch, s Strahlung, t thermisch

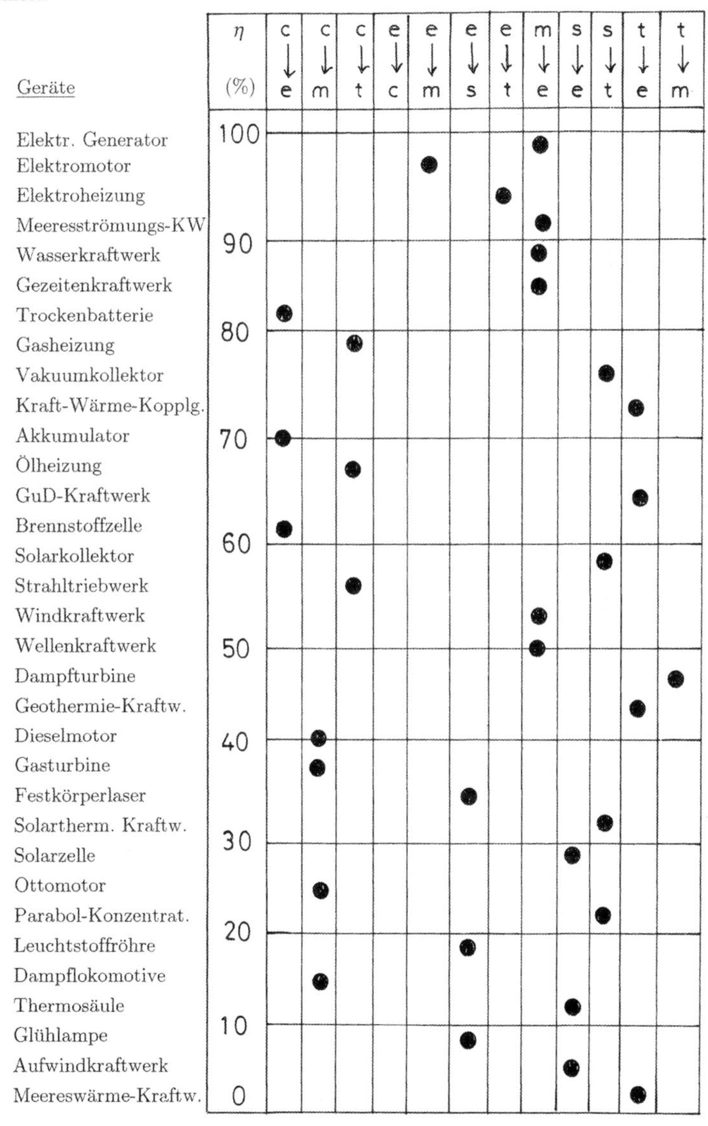

**Tab. 6.2** Ökologisch und ökonomisch geschätzte nutzbare Potenziale alternativer Energiequellen

| Energiequelle | Energieform | Mögliche Gesamtleistung (GW) |
|---|---|---|
| Solarthermie und Photovoltaik | Direkte Sonnenstrahlung | 230.000 bis 1 Mill. |
| Wind | | 17.000 bis 35.000 |
| Flusskraft | Indirekte Sonnenstrahlung | 1800 |
| Biomasse | | 8500 |
| Gezeiten | Gravitationsenergie | 60 |
| Erdwärme | Radioaktivität | 70 |
| Kernspaltung | Kernenergie | 500 |

*Gesichtspunkten* möglich ist, das zeigt die Tab. 6.2. Diese Möglichkeiten, die sogenannten **Potenziale,** beruhen auf Schätzungen, welche die Umwelt und die Vorbehalte der Bevölkerung mit einbeziehen. Solche Zahlen sind daher nur größenordnungsmäßig zu sehen. Man sollte sie mit dem gesamten Endenergiebedarf der Menschheit von 17.000 bzw. 25.000 Gigawatt im Jahr 2050 vergleichen (s. Abb. 4.4). Das Potenzial der direkten Sonnenenergie ist demgegenüber sehr groß. Auf dem Festland (ohne Antarktis) sind weltweit gemittelt mindestens 230.000 Gigawatt verfügbar. Das sind die 168 Watt pro Quadratmeter aus Abb. 2.3, multipliziert mit einem Hundertstel der gesamten Festlandsfläche ohne Antarktis von 136 Millionen km$^2$. Wir haben also auch unter ökologischen und ökonomischen Gesichtspunkten mehr als das Zehnfache des extrapolierten tatsächlichen Bedarfs zur Verfügung. Sowohl der Wind als auch die Photovoltaik könnten viel mehr Energie liefern als wir brauchen, wohlgemerkt der Gesamtenergie. Die elektrische Energie allein macht nur ungefähr ein Viertel davon aus.

## 6.9 Der Flächenbedarf [24]

Oft hört man das Argument, die Gewinnung alternativer Energien würde unsere Umgebung verunstalten und Flächen verbrauchen, die anderweitig nötig wären, zum Beispiel für die Landwirtschaft. Diese Befürchtungen sind falsch, wie wir jetzt zeigen wollen. Was unsere Umgebung hässlich macht, darüber kann man natürlich verschiedener Meinung sein. Ein „Wald“ von Windrädern ist sicher etwas Ungewohntes. Aber man wird sich daran genauso gewöhnen, wie an unsere Schornsteine, Hochspannungs- und Mobilfunkmasten oder an unsere Schnellstraßen und Autobahnen mit ihrem Schilderwald. Andererseits ist der Flächenbedarf für Windräder und Solarmodule minimal, verglichen mit unseren Verkehrs- und Gewerbeflächen. Wir haben nämlich genug ungenutztes Land für die Gewinnung der Sonnenenergie. Das wollen wir erläutern:

Im Jahr 2050 sollte bei Berücksichtigung der notwendigen sozialen Umverteilung jede Person in Industrieländern im Mittel 4 kW Gesamtleistung brauchen, in Entwicklungs- und Schwellenländern 2 kW (s. Abb. 4.4). Das ergibt im weltweiten Mittel 2,5 kW pro Kopf, und man kann annehmen, dass dann 25 % der Bevölkerung in Industrieländern leben werden und 75 % in den übrigen. Wir berechnen jetzt, wieviel Fläche notwendig ist, wenn die dafür notwendige Energie entweder nur durch Solarzellen oder nur durch Windräder geliefert wird:

Ein heutiger Solarzellenmodul von 1 $m^2$ Fläche liefert bei 1000 W Einstrahlung 100 W elektrische Leistung (s. Abschn. 6.3). Verfügbar sind im weltweiten Mittel aber nur 168 W Strahlung pro Quadratmeter (s. Abb. 2.3), das heißt, die Zellen liefern real nur 17 W pro Quadratmeter. Dividiert man die notwendigen 2,5 kW pro Kopf durch die 17 W pro Quadratmeter, so ergibt sich eine Fläche von 147 $m^2$ pro Person für den Gesamtenergiebedarf. Für den Elektrizitätsbedarf allein wäre nur ein Viertel davon notwendig, nämlich 37 $m^2$ Solarzellenfläche.

Würden wir andererseits unseren gesamten Bedarf durch Windräder decken, so ist zu bedenken, dass diese nicht beliebig dicht bei einander stehen dürfen. Sonst würden sie sich gegenseitig „die Luft wegnehmen". Eine optimale Dichte sind 4 Windräder pro Quadratkilometer [24]. Weil der Wind nicht immer weht, liefern diese bei einer Maximalleistung von 5 MW pro Windrad im zeitlichen Mittel nur etwa ein Drittel davon (s. Abschn. 6.7). Das ergibt 6,8 MW pro Quadratkilometer. Dividiert man wieder den Bedarf von 2,5 kW pro Kopf durch diese Leistungsdichte, so ergibt sich ein Flächenbedarf von 370 $m^2$ pro Person, und für Elektrizität allein 93 $m^2$.

Bei diesen Zahlen ist nun zu bedenken, dass zwar die Solarzellen ihre Fläche vollständig brauchen, die Windräder jedoch nicht. Denn unter ihnen kann man Industrie, Gewerbe und Landwirtschaft betreiben. Und man kann sogar unter ihnen wohnen, wenn sie nicht zu laut sind. Und die Geräuschkulisse der Windräder ist eine Aufgabe der Aerodynamik, an der gearbeitet wird. Was diese Zahlen bedeuten, sieht man an folgendem Beispiel: Bei der Stadt Stuttgart mit 650.000 Einwohnern bräuchte man für die Gesamtenergie etwa 1500 Windräder bzw. 380 für die Elektrizitätsversorgung allein. Oder man bräuchte etwa 150 $km^2$ Solarzellenfläche bzw. 38 für den Strom allein. Diese Flächen müssen natürlich nicht in Stuttgart selbst liegen, sondern für die Windräder in der Nordsee oder im

Mittelmeer und für die Solarzellen in Spanien oder in der Sahara. Dann bräuchte man allerdings noch etwa 10 % mehr Leistung für die Transportverluste. Würde man alle verfügbaren Dächer in Deutschland mit Solarzellen pflastern, so könnte man damit unseren gesamten Strombedarf decken [35].

Solche Zahlen wirken zunächst etwas abschreckend. Ganz anders wird es, wenn man bedenkt, dass die Erdbevölkerung zum größten Teil nicht in Großstädten wie in Stuttgart lebt mit seiner Personendichte von 6500 pro Quadratkilometer. Weltweit werden es im Jahr 2050 im Mittel etwa 80 Menschen pro Quadratkilometer sein. Und diese haben 136 Mio. km$^2$ Festland zur Verfügung. In der Abb. 6.6 ist nun gezeigt, wir diese Fläche im Mittel genutzt wird. Dabei verfügt jede Person unter Anderem im Mittel über 4500 m$^2$ ungenutztes Land. Würde man davon die eingezeichneten Anteile für Solarzellen oder Windräder brauchen,

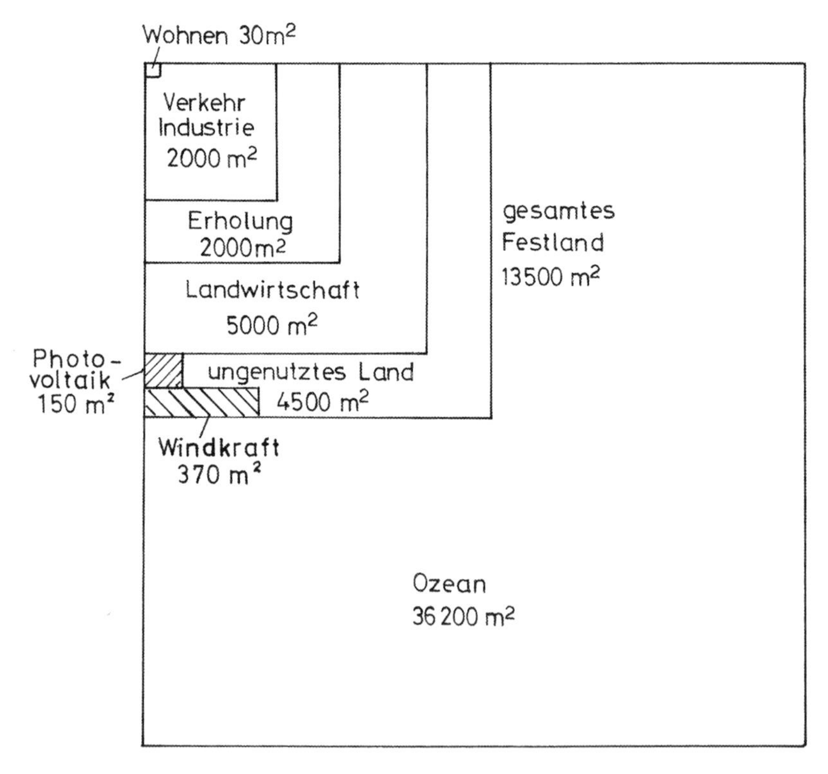


**Abb. 6.6** Verfügbare Flächen (ohne Antarktis) pro Person bei einer Weltbevölkerung von 10 Mrd. Menschen mit mitteleuropäischem Lebensstandard

so „täte das niemand weh". Für Elektrizität allein bräuchte man nur ein Viertel davon. Wir haben also wirklich genug Platz unter der Sonne, um alle unsere energetischen Bedürfnisse zu befriedigen!

## 6.10 Speichern von Energie [11]

Die Nutzung der Sonnenenergie hat gegenüber der konventionellen Energieversorgung einen gewissen Nachteil, den man nicht verschweigen darf: Die Sonne scheint nicht immer und der Wind weht auch nicht permanent oder mit gleicher Stärke. Beides kann man nicht einfach nach Bedarf ein- der ausschalten. Die Stromversorgung durch Solarzellen und Windräder schwankt also im Lauf der Zeit. Der Bedarf schwankt zwar auch, aber meist nicht im gleichen Sinne (Abb. 6.7). Gegen die Schwankungen der Versorgung mit Sonnenenergie gibt es jedoch ein im Prinzip sehr einfaches Mittel: Man muss die Energie speichern, wenn man zu viel erzeugt, und den Speicher wieder leeren, wenn man mehr braucht. Wärme und Elektrizität lassen sich auf verschiedene Arten speichern. Und wie sehen solche Speicher aus?

Die wichtigsten Speichermethoden für elektrische Energie sind in Abb. 6.8 skizziert: Druckspeicher, Akkumulatorenbatterien und chemische Speicher.

- In Druckspeichern wird entweder Wasser in ein höher gelegenes Reservoir gepumpt, und es liefert seine potenzielle Energie beim Herunterfließen in einer

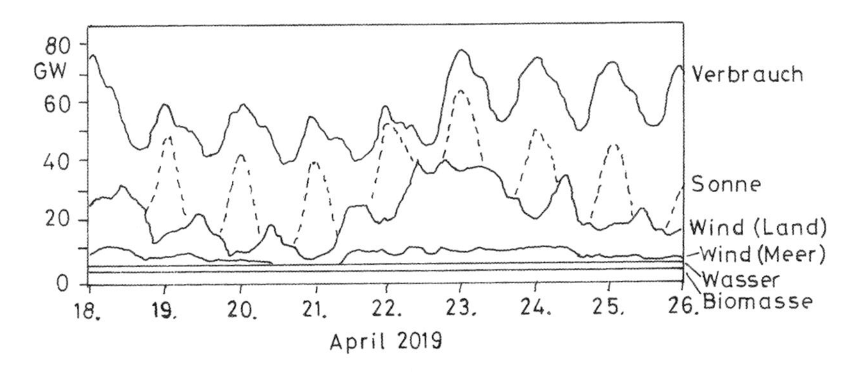


**Abb. 6.7** Stromverbrauch in Deutschland für eine Woche im April 2019 und Anteile der verschiedenen alternativen Energien daran (nach [32]). Der hier erfasste Zeitraum war besonders wind- und sonnenreich

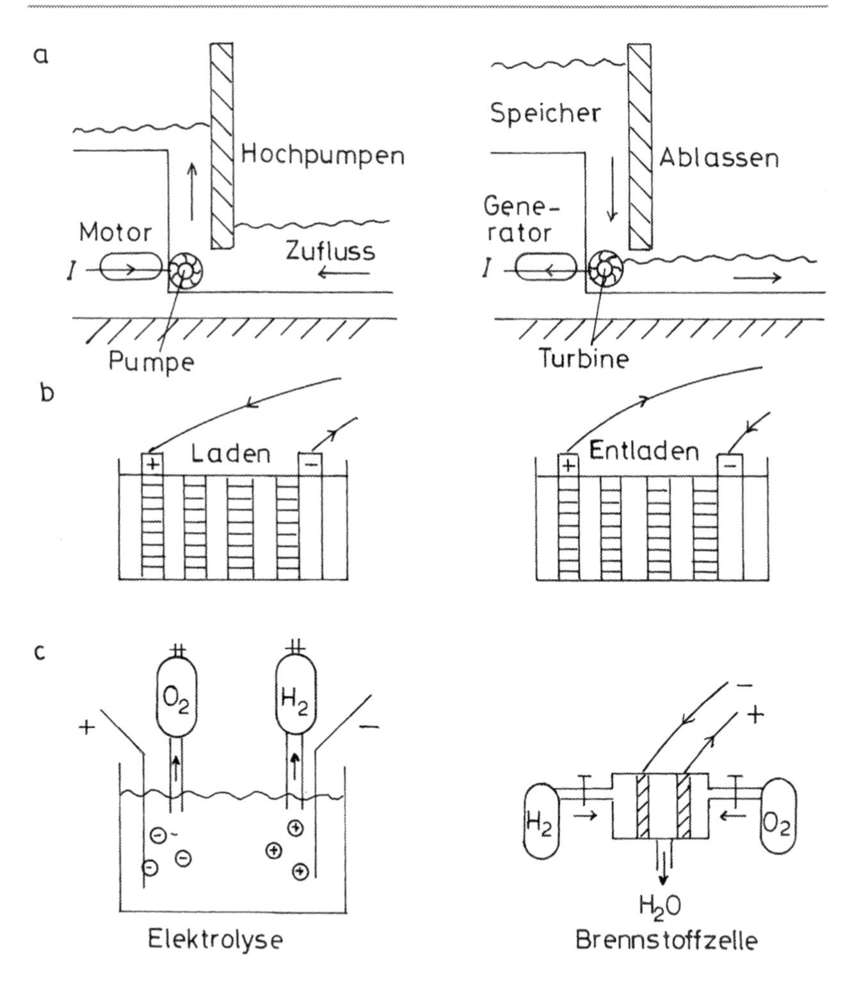


**Abb. 6.8** Möglichkeiten zur Speicherung elektrischer Energie (links speichern, rechts entladen). **a** Pumpspeicherwerk, **b** Akkumulatorenbatterie, **c** Wasserelektrolyse

Turbine wieder ab. Oder es wird Luft mit hohem Druck in unterirdische Hohlräume gepumpt, die man dann durch eine Turbine wieder ausströmen lässt.

- Wie ein Akkumulator zur Stromspeicherung funktioniert ist allgemein bekannt.

- Bei einer chemischen Speichermethode wird zum Beispiel Wasserstoff durch Elektrolyse erzeugt und später durch Oxydation wieder in Wärme oder elektrische Energie verwandelt, etwa in einer Brennstoffzelle. Der Wasserstoff lässt sich auch in Methan ($CH_4$) umwandeln, das bequemer zu handhaben ist. Dabei wird gleichzeitig $CO_2$ verbraucht:

$$CO_2 + 4H_2 + 165\,\text{kJ/mol} \rightarrow CH_4 + 2H_2O. \tag{6.3}$$

Die Investitionskosten für diese drei Methoden sind sehr unterschiedlich. Pro Kilowattstunde sind es etwa 70 Euro für ein Pumpspeicherwerk, 100 Euro für Akkumulatoren und 10.000 Euro für die Wasserstofferzeugung. Die letztere ist zwar die teuerste Methode, aber das Produkt ist auch sehr vielseitig verwendbar.

Will man nicht elektrische Energie sondern Wärme speichern, so gibt es auch dafür hauptsächlich drei Methoden: Temperaturspeicher, Latentwärmespeicher und thermochemische Speicher. Entweder erhitzt man eine größere abgegrenzte Menge Wasser oder Gestein und kühlt sie später wieder ab, zum Beispiel mit Wärmepumpen. Oder Salze werden geschmolzen und später wieder verfestigt. Oder es werden endothermische chemische Reaktionen gestartet und die Produkte später wieder exotherm zurücktransformiert. In allen diesen Fällen lassen sich größere Mengen von Wärmeenergie für eine gewisse Zeit konservieren und dann wieder zurückgewinnen.

Es gibt also eine ganze Reihe von Speichermethoden für Energie, mit denen man die zeitlichen Schwankungen ihrer Erzeugungsrate ausgleichen kann. Leider existieren aber weltweit noch viel zu wenig derartige Anlagen. Der Bau von Energiespeichern scheint wirtschaftlich bisher nicht interessant zu sein. Solche Investitionen werden sich erst dann lohnen, wenn die konventionellen Kraftwerke, die man nach Bedarf an- oder abschalten kann, nach und nach stillgelegt werden. Das ist wegen des Klimawandels und wegen der Erschöpfung der fossilen Rohstoffe auch vorauszusehen. Das weltweit größte Pumpspeicherwerk mit 3 Gigawatt Leistung befindet sich in Virginia (USA), das größte deutsche mit 0,37 Gigawatt am Schluchsee im Schwarzwald.

In Deutschland sind zur Zeit Photovoltaikanlagen für 45 GW Maximalleistung installiert und Windkraftwerke für 58 GW. Diese liefern zusammen im Durchschnitt 19 GW elektrische Leistung, das heißt 27 % unseres gesamten Strombedarfs von 70 GW. Wegen der schwankenden Witterung erbringen sie aber nur 20 % ihrer Maximalkapazität (Bundesministerium für Wirtschaft und Energie 2019). Um die Schwankungen von Sonnen- und Windenergie (s. Abb. 6.7) in Deutschland auszugleichen, bräuchte man Speicheranlagen im Zehn-Gigawatt-Bereich mit Betriebsdauern von 1 bis 2 Wochen. Das wären mindestens zehnmal so viel wie heute vorhanden sind, nämlich nur 7 GW für etwa 6 Stunden. Man kann schätzen, dass wir maximal 50 GW für 2 Wochen speichern können sollten, um einen vollständigen Ausgleich der Witterungsschwankungen zu gewährleisten. Allerdings ist das Speicherproblem nicht ganz so ernst, wie es aussieht. Wenn nämlich die Sonne kräftig scheint, gibt es oft wenig Wind, und wenn der Himmel bedeckt ist, gibt es mehr (s. Abb. 6.7). Die Natur hilft uns selbst beim Ausgleich. Würde man weltweit genügend viele Sonnenstrahlungs- und Windenergie-Anlagen betreiben, so würde ein großes Verbundnetz den Ausgleich autonom herbeiführen. Ein kleiner Teil davon ist in Europa heute ja schon realisiert.

## 6.11 Resümee zur Energieumwandlung

In diesem Kapitel haben wir die wichtigsten Energiewandler besprochen, die Sonnenstrahlung in elektrischen Strom umwandeln können. Diese Methoden sind heute so weit entwickelt, dass sie weltweit eingesetzt werden können. Trotzdem beziehen wir erst zwei Prozent unseres Energiebedarfs von der Sonne, obwohl sie uns das Vieltausendfache davon liefern könnte! Nach den Prognosen der Weltklimakonferenzen sollten bis zum Jahr 2050 der größte Teil oder sogar alle fossilen Brennstoffe durch Solarenergie ersetzt werden, um unser Klima wenigstens einigermaßen zu stabilisieren. Dann könnten auch die drohenden Völkerwanderungen aus den Überschwemmungsgebieten zum großen Teil vermieden werden. Außerdem hätten wir die letzten Reserven von Kohle, Erdöl und Erdgas für unsere Nachkommen gerettet, denn diese Rohstoffe sind zu wertvoll um sie restlos zu verbrennen. Allerdings bedarf es eines konsequenten Umdenkens bei unseren Konsumgewohnheiten und einschneidender wirtschaftspolitischer Maßnahmen von Seiten der Regierungen um diese Ziele zu erreichen. Ob wir dazu wirklich fähig sind, das wird die Zukunft zeigen [15].

# 7 Nichtsolare Energiequellen

Nachdem wir die Vorteile der Nutzung von Sonnenenergie und ihre Energiewandler kennen gelernt haben, wollen wir noch einen kurzen Blick auf einige andere Energiequellen werfen. Das sind einmal die Gezeitenenergie und die Erdwärme, andererseits die Kernenergie und der Brutreaktor und schließlich die Kernfusion. Diese Energiequellen werden in der Diskussion über das Energieproblem immer wieder erwähnt, und man sollte daher über sie Bescheid wissen. Sie sind allerdings entweder zu schwach, zu gefährlich oder zu teuer, oder sie funktionieren überhaupt noch nicht.

## 7.1 Gezeitenenergie

Die Gezeiten, Ebbe und Flut, sind riesige Wasserbewegungen in den Meeren der Erde. Sie kommen durch die Anziehungskräfte von Mond und Sonne zustande, wie wir es in der Schule gelernt haben. Der Gezeitenhub beträgt im freien Ozean etwa 50 cm, kann aber an manchen Küsten bis zu 17 m hoch werden. Die Nutzung seiner potenziellen Energie kann auf zweierlei Weise erfolgen: Entweder installiert man, ähnlich wie bei Flusskraftwerken Turbinen oder Propeller im Meer und lässt sie vom Gezeitenstrom antreiben. Oder man füllt bei Hochwasser eine Talsperre und gleicht ihren Spiegel bei Niedrigwasser durch eine Turbine wieder aus. Eines der größten solcher Kraftwerke befindet sich im Fluss Rance an der französischen Atlantikküste. Es hat eine 750 m lange Staumauer und eine elektrische Spitzenleistung von 240 Megawatt. Die Höhendifferenz zwischen Hoch- und Niedrigwasser beträgt hier 12 bis 16 m. So ein Kraftwerk hat einen Wirkungsgrad von bis zu 90 %. Weltweit gibt es etwa 100 günstige Standorte für


K. Stierstadt, *Unser Klima und das Energieproblem*, essentials,
https://doi.org/10.1007/978-3-658-31029-5_7

solche Gezeitenkraftwerke, die zusammen bis zu 100 Gigawatt liefern könnten. Die ist aber nur etwa ein halbes Prozent unseres gesamten heutigen Energiebedarfs (s. Abb. 4.1).

## 7.2 Erdwärme

Unsere Erde ist im Inneren sehr heiß, 99 % ihres Volumens haben eine Temperatur von mehr als 1000 °C, in der Mitte sogar 7000 °C. Diese Wärme rührt im Wesentlichen vom radioaktiven Zerfall der Elemente Uran, Thorium und Kalium im Erdinneren her. Die dabei frei werdende Strahlung erhitzt ihre Umgebung und führt zu einer Ausstrahlung der Wärme durch die Erdoberfläche in den Weltraum von etwa 0,1 Watt pro Quadratmeter. Das ist nicht viel gegen die 170 Watt pro Quadratmeter Sonneneinstrahlung auf diese Fläche (s. Abb. 2.3). Die Temperatur der festen Erdkruste nimmt von der Oberfläche her mit der Tiefe zu, um etwa 2,5 Grad pro 100 m. Diese Temperaturdifferenzen kann man mit einer Wärme-Kraft-Maschine nutzen. Die Abb. 7.1 zeigt das Prinzip eines solchen Kraftwerks. Heißes Wasser wird aus der Tiefe durch seinen natürlichen Druck oder durch eine Pumpe an die Oberfläche befördert. Dort treibt es einen

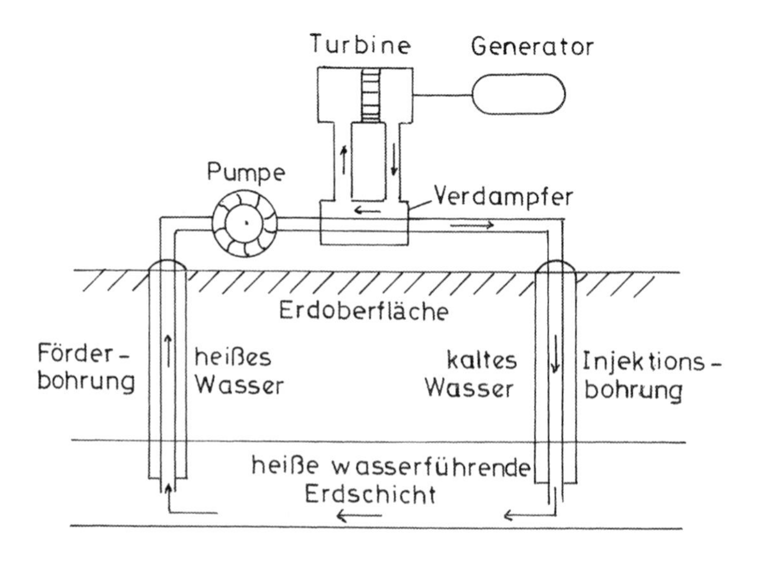


**Abb. 7.1** Prinzip eines Geothermieanlage

Flüssigkeits- oder Gaskreislauf für eine Turbine und einen Generator. Das Wasser kühlt sich dabei ab und wird wieder in den Boden gepumpt um das dortige Reservoir aufzufüllen. Weltweit werden mit Erdwärme zurzeit etwa 20 Gigawatt elektrischer Leistung erzeugt, einige zehn Megawatt pro Anlage. Das lohnt sich nur dort, wo genügend heißes Wasser in nicht zu großer Tiefe existiert. In Deutschland gibt 25 Versuchsanlagen, die etwa 150 °C heißes Wasser aus bis zu 4 km Tiefe fördern.

## 7.3 Kernenergie [18, 19, 20]

Ein nicht ganz kleiner Teil unserer Primärenergie wird in Deutschland noch in Atomkernreaktoren erzeugt, nämlich etwa 5 % (s. Abb. 4.1). In den Reaktoren werden Uranatomkerne gespalten, und sie liefern dafür Wärme und Strom. Hierbei entsteht zwar kein Kohlendioxid, aber das Verfahren ist aus anderen Gründen problematisch. Beim Betrieb der Reaktoren entstehen nämlich Abfallprodukte der Urankernspaltung, die vielfach lebensgefährlich sind, **Spaltprodukte** und **Transurane.** Wie das geschieht, haben wir in der Schule gelernt. In einem Kraftwerksreaktor befinden sich etwa 100 Tonnen Uran, angeordnet in 200 Brennelementen von je 5 m Länge und 50 cm Durchmesser. Bei der Kernspaltung entsteht Wärme und die Brennelemente werden etwa 500 °C heiß. Diese Wärme wird durch einen Wasserkreislauf einer Turbine zugeführt, die einen Generator antreibt. Die Brennelemente sind nach etwa drei Jahren verbraucht und müssen entsorgt werde. Ihre radioaktive Strahlung ist dann so stark, dass man in einem Meter Abstand von einem verbrauchten Brennelement während nur 10 sec (!) schon eine tödliche Strahlendosis erhält. Man stirbt dann innerhalb weniger Tage („akuter Strahlentod"). Diese radioaktive Strahlung ähnelt zum großen Teil der Röntgenstrahlung, nur hat sie eine viel höhere Energie. Sie tötet die Zellen aller organischen Lebewesen, indem sie deren Moleküle ionisiert und zerstört.

Die Abfälle aus den Reaktoren müssen also mit äußerster Vorsicht behandelt werden. Man darf ihnen ja nicht zu nahe kommen, und man kann sie nur fernbedient handhaben. Ihre Radioaktivität nimmt zwar im Lauf der Zeit ab, nach hundert Jahren auf etwa ein Tausendstel des Anfangswerts. Aber selbst dann muss man noch einen großen Bogen um so ein Brennelement machen, denn man erhielte die tödliche Strahlendosis in einem Meter Abstand dann innerhalb von 30 Minuten. Hinzu kommt die hohe Temperatur der verbrauchten Brennelemente. Es dauert etwa zehn Jahre bis sie von 500 °C auf 100 °C abgenommen hat. Das braucht so lange, weil die radioaktive Strahlung selbst alle Materie erhitzt, in der sie entsteht. Die Brennelemente müssen daher 10 Jahre lang in „Abklingbecken“ mit Wasser gekühlt werden, und dann noch 50 Jahre in „Zwischenlagern“ mit Luft.

Weltweit sind heute etwa 500 Kraftwerksreaktoren in Betrieb, in Deutschland aufgrund des „Atomausstiegs“ zurzeit nur noch 12 in 6 Kernkraftwerken. Der letzte soll 2022 abgeschaltet werden. Viele hunderttausend Brennelemente aus den vergangenen 60 Jahren der Kernenergienutzung befinden sich heute in oberirdischen Lagerhallen und „strahlen dort vor sich hin“, in Deutschland allein etwa 50.000. Ihre Radioaktivität stellt eine ständige latente Gefahr dar. Ein Unfall, wie zuletzt 2011 in Fukushima (Japan), bei dem einige tausend Brennelemente beschädigt wurden, verseucht Zehntausende Quadratkilometer Land, das dadurch für Jahrzehnte unbewohnbar wird. In Fukushima wurde ein Gebiet von 30 km Radius mit 120.000 Personen komplett geräumt.

Wie kann man nun mit dieser Erblast fertig werden, die uns die Reaktorbetreiber hinterlassen haben? Da sich Radioaktivität durch keine bekannte Methode beeinflussen oder gar verhindern lässt, muss man versuchen, damit zu leben – aber in möglichst großem Abstand. Am besten bringt man die Abfälle tief in die Erde. Dann kann die Strahlung uns nicht mehr gefährlich werden, denn sie wird durch genügend dicke Materieschichten absorbiert, das heißt, in Wärme umgewandelt. Durch einen Meter Sand oder Gestein wird sie schon auf etwa ein Hundertstel abgeschwächt. Beim Deponieren in der Erde ist aber zu beachten, dass die radioaktiven Stoffe nicht mit Grundwasser in Berührung kommen und sich darin lösen dürfen, wobei dieses radioaktiv verseucht würde. Also bringe man die verbrauchten Brennelemente einige hundert Meter tief in die Erde in wasserdichten und korrosionsbeständigen Behältern. Dort sollen sie mindestens hunderttausend Jahre sicher liegen bleiben, bis ihre Aktivität genügend abgeklungen ist. Was in hunderttausend Jahren auf der Erde und darunter mit den Abfällen passieren kann, das ist allerdings eine andere Frage.

Leider ist das alles sehr teuer, denn ein solches Abfalllager muss gegen Wasserzutritt geschützt sein und gegen unbeabsichtigte Zerstörung durch Gesteinsverlagerungen, Erdbeben, Vulkanismus sowie gegen unbefugten Zutritt. Aus diesen Gründen gibt es auf der ganzen Welt noch kein einziges solches Lager für die Abfälle der Kernkraftwerke, den sogenannten **Atommüll.** Nur in den USA gibt es kleines unterirdisches Lager für Abfälle aus dem militärischen Bereich. Zwar hätten etwa zehn Prozent der Gewinne der Kernenergieunternehmen ausgereicht, um alle bisher angefallenen Abfälle auf diese Weise zu entsorgen. Aber das wurde aus verschiedenen Gründen politisch nicht durchgesetzt: Der Strompreis hätte sich dadurch vielleicht um zehn Prozent erhöht.

Und die Widerstände der Bevölkerung gegen solche Lager hätten durch sachgerechte Information entkräftet werden müssen. Das ist bisher nicht geschehen. Nur in Finnland hatte man Erfolg: Bei Olkiluoto am baltischen Meerbusen ist ein solches Lager im Bau, etwa 400 m tief in Granitgestein. Hier sollen die Abfälle der vier finnischen Kernkraftwerke für 100.000 Jahre sicher deponiert werden. In Deutschland plant man schon seit 30 Jahren, ein entsprechendes Lager zu bauen (z. B. Gorleben), das nach verschiedenen Schätzungen 20 bis 60 Milliarden Euro kosten würde, bisher aber ohne irgendein Ergebnis. So lange der Atommüll oberirdisch in behelfsmäßigen Lagerhallen liegen bleibt, ist er nicht geschützt, weder gegen Naturkatastrophen (s. Fukushima), Terrorismus, Kriegshandlungen (z. B. Ukraine), Stromausfälle, Flugzeugabstürze usw. Das Atommüllproblem ist also neben der Klimaveränderung, dem Bevölkerungswachstum und vielleicht der Krebsbekämpfung eine der großen Herausforderungen unserer Zeit. Zur Illustration zeigt die Abb. 7.2 einen Überblick über den Urankreislauf und ein realistisches Entsorgungskonzept (Näheres in [18]).

## 7.4 Brutreaktor [11]

Die bekannten Vorräte am Brennstoff Uran für Kernreaktoren gehen bei heutigem Verbrauch in 100 bis 150 Jahren zu Ende (s. Abb. 4.5). Aber der Verbrauch wird weiter steigen (s. Abb. 4.4). Man überlegt daher, was danach an die Stelle der Uranspaltung treten könnte, falls man die Kernenergie dann überhaupt noch benötigt. Dabei kommt eine wohlbekannte Tatsache zu Hilfe: Beim konventionellen Kernreaktor werden die Uranatomkerne durch Neutronen gespalten. Und bei vielen dieser Spaltprozesse entstehen zwei bis drei neue Neutronen. Das sind etwas mehr, als man zum Betrieb des Reaktors und zum gleichzeitigen Ersatz seines Brennstoffs braucht, nämlich nur zwei neue Neutronen. Das überschüssige Dritte kann man dann verwenden, um andere Atomkerne in solche umzuwandeln, die sich ebenfalls mit Neutronen spalten lassen wie das derzeit benutzte Uran-235 [1]. Für diese Methode hat man zwei Kandidaten zur Verfügung: die Isotope Uran-238 und Thorium-232. Beschießt man deren Atomkerne mit schnellen Neutronen, so entstehen die als Brennstoff geeigneten Isotope Plutonium-239 und Uran-233. Mit beiden kann man einen Reaktor betreiben, ähnlich wie mit dem bisher benutzten Uran-235.

[1] Die dem Elementnamen angehängte *Massenzahl* bezeichnet die Anzahl der Nukleonen (Protonen und Neutronen) im Atomkern.

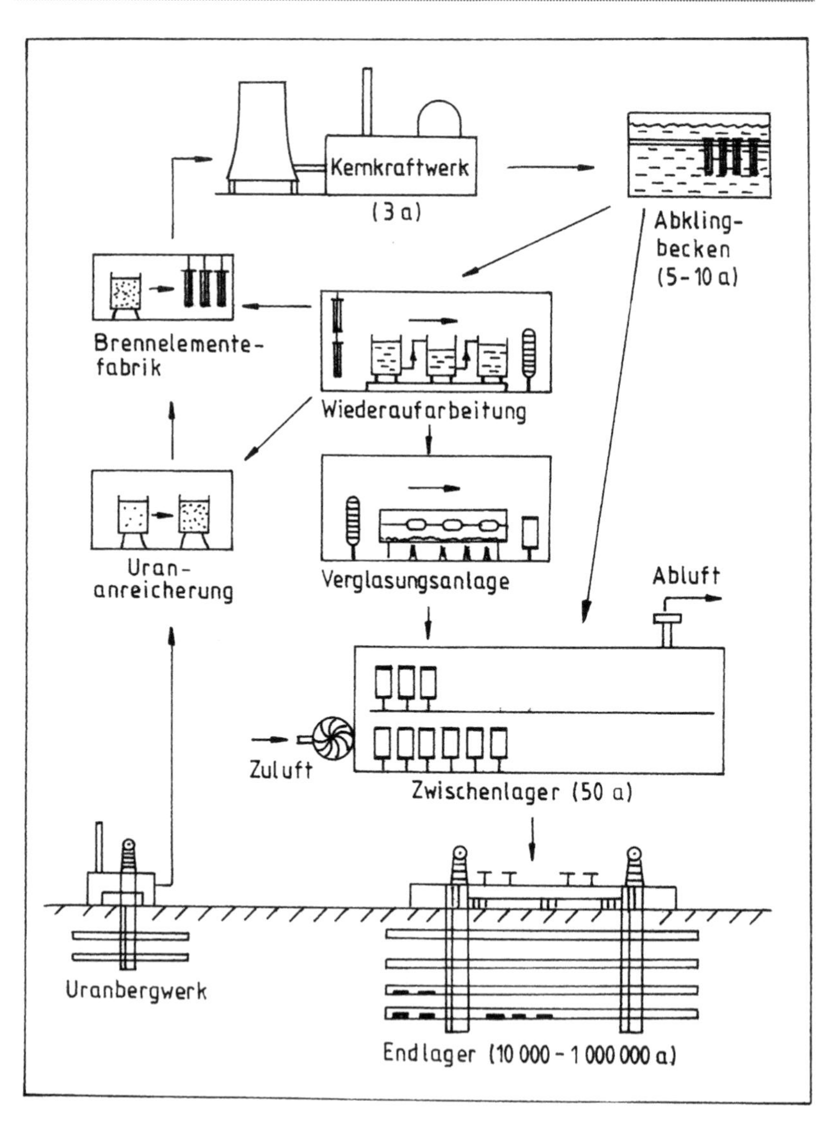


**Abb. 7.2** Ein realistisches Konzept zur Atommüllbeseitigung (a: Jahre)

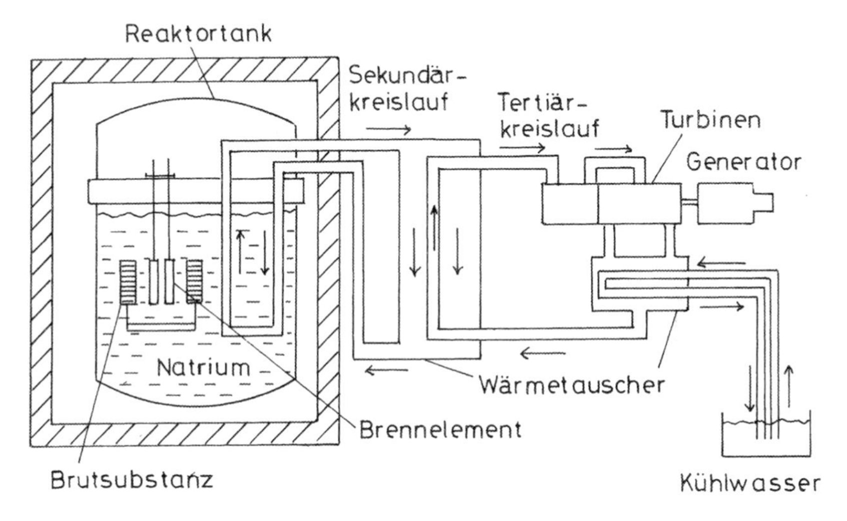


**Abb. 7.3** Prinzip eines Brutreaktors

Um nun die neuen Brennstoffe herzustellen, umgibt man den Kern eines konventionellen Reaktors mit einem Mantel, der „Brutsubstanz", aus Uran-238 oder Thorium-232 (Abb. 7.3). Die überschüssigen Neutronen des Uran-235 wandeln dann darin Uran-238 in Plutonium-239 um oder Thorium-232 in Uran-233. Das geschieht jeweils durch zwei Betazerfälle. Damit hat man die neuen Brennstoffe gewonnen, und zwar etwa 1,3-mal mehr, als im Kern des Brutreaktors verbraucht worden ist. Das heißt, man hat den alten Brennstoff ersetzt und gleichzeitig 30 % neuen hergestellt.

Die Sache hat, wie so oft, nur leider einen Haken: Ein Brutreaktor ist eine höchst gefährliche Maschine. Er arbeitet mit schnellen Neutronen anstatt mit langsamen wie ein konventioneller und heißt daher auch „schneller Brüter". Er wird daher 900 °C heiß und muss anstatt mit Wasser mit flüssigem Natrium von 10 bar Druck gekühlt werden. Das Wasser würde die wertvollen überschüssigen Neutronen abbremsen und absorbieren. Heißes flüssiges Natrium ist aber eine sehr unangenehme Substanz: Es greift viele Metalle an und entzündet sich an der Luft von selbst. Die damit verbundenen technischen Probleme können bisher nicht voll beherrscht werden. Von den 22 bis heute gebauten Brutreaktoren sind daher nur noch 2 übrig geblieben [21]. Alle anderen wurden entweder beim Betrieb zerstört oder vorsichtshalber stillgelegt. Vorerst bleibt der Brutprozess für Kernbrennstoffe also Zukunftsmusik. Hinzu kommt das Atommüllproblem aus dem Abschn. 7.3. Ein Brutreaktor erzeugt noch mehr radioaktive Abfälle als ein konventioneller. Und für die Abfälle gibt es ja bisher keine sichere Entsorgung. Außerdem ist der Betrieb eines Brutreaktors aus den oben geschilderten Gründen viel aufwendiger und teurer als der eines konventionellen. Der mit den Brutprodukten erzeugte Strom würde also ebenfalls erheblich teurer werden.

## 7.5 Kernfusion [22]

Nun kommen wir zu einer noch ganz unsicheren bzw. unrealistischen Methode der nichtsolaren Energiegewinnung, zur **kontrollierten Kernfusion** bzw. Kernverschmelzung (Stichwort: „künstliche Sonne"). Wenn man Wasserstoffatomkerne bei einer Temperatur von 100 Millionen Grad (!) aufeinander prallen lässt, dann entstehen daraus Heliumatomkerne, und es wird sehr viel Bindungsenergie in Form von Wärme frei, nämlich 120.000 kWh pro Gramm Helium! Das würde in Deutschland einen ganzen Tag lang zur Energieversorgung von 1000 Personen reichen. Diese Heliumfusion ist derselbe Prozess, der in unserer Sonne abläuft und ihre riesige Strahlungsleistung liefert (s. Abb. 5.3). Nur geht das in der Sonne wegen ihrer großen Dichte „schon" bei einer Temperatur von 10 Millionen Grad.

Man will also „die Sonne nachmachen". Aber es ist nicht so einfach, auf der Erde 100 Millionen Grad zu erzeugen. Man hat 2011 angefangen, einen riesigen Fusionsreaktor zu bauen, namens ITER (International Thermonuclear Experimental Reactor), und zwar im französischen Forschungszentrum Caderache, 60 km nördlich von Marseille. Das ist eines der größten wissenschaftlichen Projekte der Menschheit, neben der bemannten Mondlandung, der Internationalen Raumstation und dem Kernforschungszentrum CERN in Genf. Am Bau und der Finanzierung von ITER beteiligen sich die Europäische Union, China, Indien, Japan, Russland, Südkorea und die USA. Der Reaktor wird etwa 30 m hoch werden und einen ebensolchen Durchmesser haben (Abb. 7.4). In seinem Inneren befindet sich ein torusförmiges Fusionsgefäß, in dem die Verschmelzung der schweren Wasserstoffkerne Deuterium (H-2 bzw. D) und Tritium (H-3 bzw. T) zu Helium (He-4) ablaufen soll[2]:

$$\mathrm{D} + \mathrm{T} \rightarrow \mathrm{He\text{-}4} + 17{,}6\,\mathrm{MeV}. \qquad (7.1)$$

[2]Die Reaktionsenergie von 17,6 MeV entspricht $2{,}8 \cdot 10^{-12}$ Joule pro Heliumatom bzw. 1,7 Billionen Joule pro Mol.

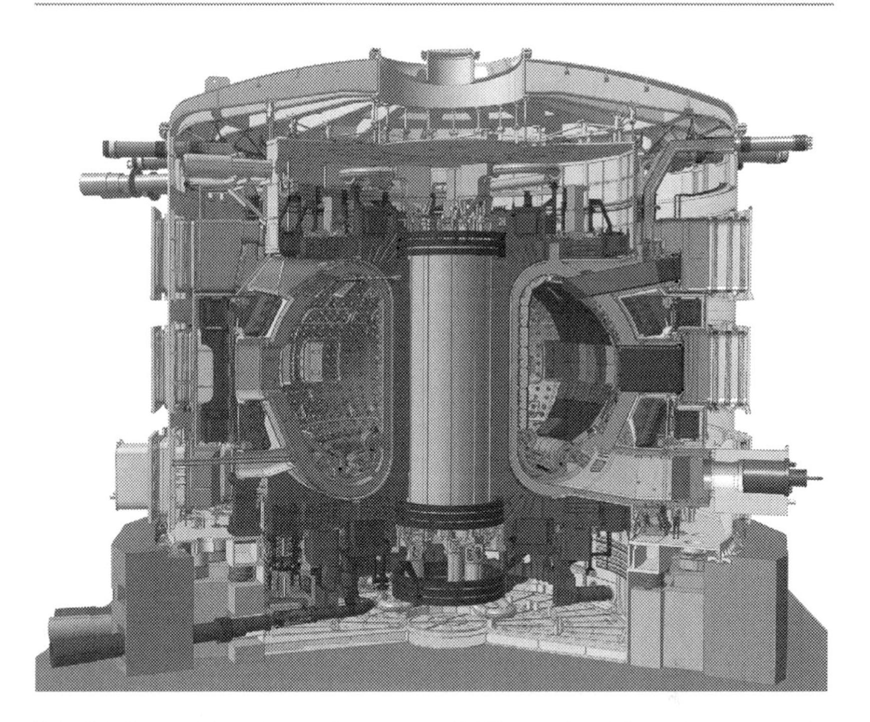

**Abb. 7.4** Konstruktion des Fusionsreaktors ITER. In der Mitte erkennt man das Solenoid für die Beschleunigung des Plasmas und das torusförmige Fusionsgefäß mit nierenförmigem Querschnitt (Zum Größenvergleich: Person rechts unten). (Foto: ITER Organisation)

Dabei soll mit einer Heizleistung von 50.000 kW eine Ausgangsleistung von 500.000 kW erreicht werden, also ein nomineller Wirkungsgrad von 10 bzw. von 1000 %. Ob das gelingen wird, ist noch ungewiss aus folgendem Grund: Das Deuterium-Tritium-Plasma wird durch riesige Magnetfelder von bis zu 12 Tesla Stärke im Ringzentrum des Torus konzentriert und beschleunigt. Die supraleitenden Spulen für diese Felder erkennt man in der Abbildung. Dabei kann es vorkommen, dass der Plasmastrom instabil wird und die Wand des Torus berührt. Dann erlischt die Fusion sofort. Und diese Instabilitäten lassen sich nicht genau berechnen und voraussagen. Auch ist noch nicht ganz klar, ob die Abfuhr der Fusionswärme durch bestimmte Wandbereiche des Torus gelingt, und welcher Anteil der Energie als elektromagnetische Strahlung entweicht. Der Erfolg des Experiments ist also ungewiss, und aus diesem Grund haben die USA das Konsortium zeitweise verlassen.

Trotzdem investiert man große Summen in das Projekt. Nach neuesten Prognosen soll es mindestens 15 Milliarden Euro kosten (ursprünglich geplant waren 5 Milliarden) und frühestens 2028 für erste Tests betriebsfertig sein. Das entscheidende Fusionsexperiment ist erst für 2035 in Aussicht genommen. Dieses gigantische Projekt ähnelt, wie gesagt, der Internationalen Raumstation ISS (International Space Station), nur ist sein Ausgang fraglich, während die Raumstation schon seit Jahren funktioniert. Ob mit der Kernfusion jemals elektrischer Strom zu einem vertretbaren Preis erzeugt werden kann, das steht in den Sternen. Unsere natürliche Sonne ist da sicher viel, viel billiger.

Hiermit haben wir die heute diskutierten nichtsolaren Energiequellen kennen gelernt, die alle kein Kohlendioxid produzieren. Es sieht aber nicht so aus, als würde eine von ihnen in absehbarer Zeit einen bemerkenswerten Beitrag zu unserer Energieversorgung leisten können. Und daher besteht auch noch keine Aussicht, unser Klima auf diese Weise stabilisieren zu können.

# Nachwort – Wie kann es weiter gehen?

Wir haben unser Energieproblem, die Ursache der Klimaveränderung, nun ausführlich diskutiert. Wir haben den Bedarf und die Quellen der Energie sowie ihre Umwandlungsmethoden in Bewegung, Elektrizität und Wärme besprochen. Nun kommen wir zurück zum Anfang unserer Betrachtungen, zum Klima und seiner Entwicklung.

Unser Klima verändert sich dramatisch. Temperatur und Meeresspiegel sind weltweit im Steigen begriffen. Die Ursachen dafür beruhen auf menschlicher Aktivität. Das können selbst die Klimaoptimisten (siehe Vorwort) nicht mehr wegdiskutieren. Die voraussehbaren Folgen für diese Entwicklung sind für die Menschheit als Ganzes extrem unerfreulich bzw. katastrophal. Das haben die Vereinten Nationen schon frühzeitig erkannt. Sie haben 1988 die „Internationale Kommission für Klimaänderung" gegründet (IPCC, International Pannel on Climate Change). Diese besteht aus einigen hundert Fachleuten von 90 Ländern, die alle Beobachtungen und Klimaveränderungen registrieren, bewerten und die Prognosen publizieren [23].

Neben dieser UN-Kommission gibt es noch zwei Reihen von Konferenzen, die im Auftrag der Vereinten Nationen in jährlichen Abständen stattfinden: die „Weltklimakonferenz" und die „Weltbevölkerungskonferenz". Leider können diese Konferenzen, wie auch die Klimakommission, nur Empfehlungen geben, aber keine Beschlüsse fassen bzw. konkrete Maßnahmen anordnen. Deshalb ist auch für unser Klima trotz jahrzehntelanger Warnungen noch keine Hoffnung auf wirkliche Besserung in Sicht. Die Temperatur an der Erdoberfläche nimmt jedes Jahr weiter zu und der Meeresspiegel steigt beschleunigt weiter an. Die Gründe dafür sind vor Allem wirtschaftspolitischer Natur. Wir hätten zwar mehr als genug klimaneutrale Sonnenenergie, aber wir nutzen sie noch viel zu wenig. Denn die



K. Stierstadt, *Unser Klima und das Energieproblem*, essentials,
https://doi.org/10.1007/978-3-658-31029-5

heutige konventionelle und klimaschädliche Energietechnik mit ihrer Kohlendioxidproduktion bringt der Wirtschaft große Gewinne, während die saubere Solartechnik noch große Investitionen erfordert. Aus diesem Dilemma würde nur konsequentes Umdenken helfen sowie Änderungen unseres Konsumverhaltens und einschneidende wirtschaftspolitische Maßnahmen. Aber, solange die Brände nur in Australien wüten und die Überschwemmungen nur die pazifischen Inseln und Bangladesch bedrohen, geschieht in Europa, in China oder in Nordamerika nichts Entscheidendes zur Klimarettung. Hier gilt das St.-Florians-Prinzip: „Oh heiliger Sankt Florian, verschon' mein Haus, zünd' and're an".

Wir haben also aus heutiger Sicht nur zwei mögliche Alternativen für unser zukünftiges Verhalten [5]:

- Entweder so weiter machen wir bisher. Das heißt alle bekannten fossilen Rohstoffvorräte nach und nach verbrennen. Dann wird die Temperatur unserer Biosphäre in 100 bis 200 Jahren um etwa 6,5 bis 9,5 Grad steigen. Das muss globale Umschichtungen der Grundlagen unserer Nahrungsversorgung zur Folge haben. Und der Meeresspiegel wird in den nächsten 400 Jahren um 60 m steigen, wenn nämlich das antarktische Eis komplett geschmolzen sein wird. Dadurch werden große Teile des bewohnten Festlands überschwemmt werden.
- Wenn wir es dagegen schaffen, bis etwa zum Jahre 2035 die Verbrennung von Kohle, Öl und Gas weltweit zu halbieren und bis 2050 komplett einzustellen, dann geschieht etwa Folgendes: die Temperatur der Biosphäre wird bis etwa 2100 noch um höchstens 2 bis 3 Grad steigen und der Meeresspiegel um 1 bis 2 m. Das bedingt zwar auch einige Verluste an bewohntem Festland, aber vielleicht keine zu einschneidenden für unsere Ernährungswirtschaft.

Dass die zweite Alternative auch politisch durchsetzbar und vor allem bezahlbar ist, zeigt die folgende Abb. N1. Der Erzeugerpreis für elektrischen Strom aus Sonnenenergie ist heute schon genau so niedrig wie derjenige aus der Verbrennung von Braunkohle, nämlich im Mittel 6 Cent pro Kilowattstunde. Und die Investitionen für eine komplette Umstellung der Energieerzeugung auf Solartechnik sind sicher erheblich niedriger, als es diejenigen für die Förderung der Kernenergietechnik in der zweiten Hälfte des vergangenen Jahrhunderts waren. Die lagen weltweit in der Größenordnung von einer halben Billionen Dollar. Die weltweite Installation der Solartechnik dürfte sicher erheblich billiger werden. Und wir könnten das schaffen.

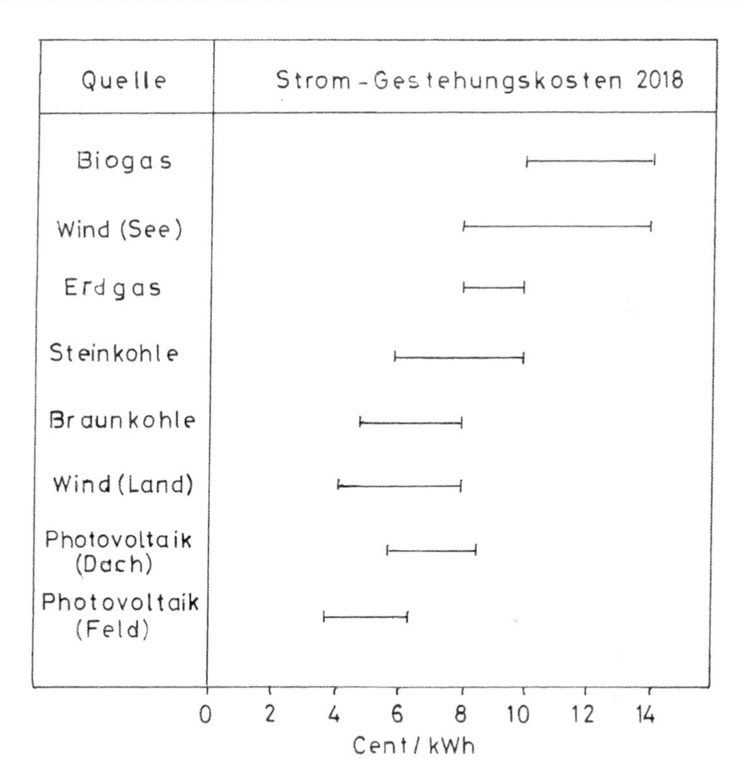


**Abb. N1** Stromgestehungskosten in Cent pro Kilowattstunde in Deutschland 2018 (nach: www.Fraunhofer-Institut.ISE)

# Was Sie aus diesem *essential* mitnehmen können

- Die derzeitige Erderwärmung und der Anstieg des Meeresspiegels sind menschengemacht und beruhen auf der Verbrennung von Kohle, Erdöl und Erdgas.
- Wenn diese Praxis weitergeführt wird, nimmt die Temperatur der Biosphäre weiter zu und der Meeresspiegel steigt bedrohlich weiter an.
- Stattdessen könnte die Sonnenenergie den größten Teil unseres Bedarfs decken. Dem stehen wirtschaftspolitische Denkgewohnheiten und Verhaltensweisen entgegen. Mit fossilen Brennstoffen wird zu viel verdient.
- Sie haben gelernt, wie die Sonne funktioniert, und mit welchen Geräten ihre Energie in elektrischen Strom verwandelt werden kann.
- Für die Lösung des Energieproblems haben wir zwei Alternativen: *Entweder* weiter Kohle, Öl und Gas verbrennen. Dann wird die Temperatur in der Biosphäre um bis zu 10 Grad steigen und der Meeresspiegel um bis zu 60 m: Es gibt eine „menschengemachte Warmzeit". *Oder* Ersatz der fossile Energieträger durch Sonnenenergie innerhalb der nächsten 30 Jahre. Dann wird die Temperatur nur um etwa 2 Grad steigen und der Meeresspiegel um etwa einen Meter.



K. Stierstadt, *Unser Klima und das Energieproblem,* essentials,
https://doi.org/10.1007/978-3-658-31029-5

# Literatur


[1] Feldmann, D. R., u. a. (2015). *Observational determination of surface radiative forcing by $CO_2$from 2000 to 2010*. Nature **519**, 339.
[2] N. N. (2019). *Idealisiertes Treibhausmodell*. https://de.wikipedia.org/wiki/.
[3] Karl, T. R. u. Trenberth, K. R. (2003). *Modern Global Climate Change*. Science **302**, 1719.
[4] N. N. (2020). *Klimafakten*. https://www.dwd.de/Klima.
[5] N. N. (2019). *Globale Erwärmung*.https://de.wikipedia.org/wiki/.
[6] Wolfson, R. (2008). *Energy, Environment, and Climate*. New York: Norton & Co.
[7] N. N. (2020). *Meeresspiegelanstieg seit 1850*. https://de.wikipedia.org/wiki/.
[8] N. N. (2019). *Kohlenstoffdioxid*. https://de.wikipedia.org/wiki/.
[9] Bundesministerium für Wirtschaft und Energie (2019). *Energiedaten*. Berlin: BMWi.
[10] Umweltbundesamt (2020). (*Schriftenreihe*). www.Umweltbundesamt.
[11] Stierstadt, K. (2015). *Energie – Das Problem und die Wende*. Haan-Gruiten: Europa-Lehrmittel.
[12] Taube, M. (1985). *Evolution of Matter and Energy*. New York: Springer.
[13] Zeilik, M. u. Gaustad, J. (1983). *Astronomy*. Cambridge (USA): Harper & Row.
[14] Goetzberger, A. u. a. (1997). *Sonnenenergie: Photovoltaik*. Stuttgart: Teubner.
[15] Stierstadt, K. (1995). *Sind wir zu dumm zum Weiterleben?* Salzburg: Annalen der Europäischen Akademie für Wissenschaften und Künste, Bd. 10.
[16] Stierstadt, K. (2019). *Thermodynamik für das Bachelorstudium*. Berlin: Springer.
[17] Bundesministerium für Wirtschaft und Energie (2019). *Erneuerbare Energie*. Berlin: BMWi.
[18] Stierstadt, K. (2010). *Atommüll – wohin damit?* Frankfurt/M: Harri Deutsch.
[19] Krieger, H. (2002). *Strahlenphysik, Dosimetrie und Strahlenschutz*. Stuttgart: Teubner.





K. Stierstadt, *Unser Klima und das Energieproblem*, essentials,
https://doi.org/10.1007/978-3-658-31029-5

[20] De Santis, E., Monti, S. u. Ripani, M. (2016). *Energy from Nuclear Fission.* Swizerland: Springer.

[21] N. N. (2020). *Brutreaktor*. https://de.wikipedia.org/wiki/.

[22] N. N. (2020). *ITER*. https://de.wikipedia.org/wiki/.

[23] N. N. (2000-2018). *IPCC-Berichte*. https://www.ipcc.ch/assessment-report.

[24] Stierstadt, K. (2019). *Genug Platz an der Sonne.* Physik in unserer Zeit **50**, 128.

[25] N. N. (2019). *Treibhauseffekt*. https://de.wikipedia.org/wiki/.

[26] Voosen, P. (2018). *The Realist.* Science **359**, 1320.

[27] Moberg, A. u. a. (2005). *Highly variable Northern Hemisphere temperatures reconstructed from low- and high-resolution proxy data.* Nature **433**, 613.

[28] N. N. (2020). *Mittelalterliche Warmzeit.* https://wiki.bildungsserver.de/klimawandel/index.php/.

[29] N. N. (2020). *Mittelalterliche Klimaanomalie*. https://de.wikipedia.org/wiki/.

[30] Petit, J. R. u. a. (1999). *Climate and atmospheric history of the past 400,000 years from the Vostok ice core, Antarctica.* Macmillan Magazine **399**, 429.

[31] Falkowski, P. u. a. (2000). *The Global Carbon Cycle: A Test of Our Knowledge of Earth as a System.* Science **290,** 291.

[32] Graichen, P. u. a. (2020). *Die Energiewende im Stromsektor: Stand der Dinge 2019.* Berlin: Agora Energiewende.

[33] N. N. (2019). *Weltenergiebedarf.* https://de.wikipedia.org/wiki/.

[34] N. N. (2020). *$CO_2$-Emissionen steigen weiter.* Phys. i. u. Zeit **51**, 11.

[35] Umwelt-Bundesamt (2016). *Siedlungs- und Verkehrsflächen & Struktur der Flächennutzung*. Bericht, Dessau-Roßlau.

Printed in the United States
By Bookmasters